SKY ADVENTURE

星空探奇

戴铭珏◎编著

清华大学出版社

北京

文字创造出来的科普艺术

　　科普就是把复杂的知识通过简单的讲解让公众知道，文字科普是最简单、最原始的科普方式，它易于被公众接受和理解。科普面临着软与硬的问题，包含知识点较多的科普，科学概念较多，技术含量很高，这是硬科普，很难被解说得简单易懂。而那些知识含量较少的科普，可以叫做软科普，由于贴近我们的日常认识，就容易被公众接受，或者说能被完全理解。

　　在评价科普作品是否成功的时候，我们一般只评价它是否易于被公众理解，而忽视了科普的软与硬的问题。毫无疑问，在这种评价中，那些生物和地理方面的科普就很容易占到便宜，而那些与物理相关的科普就很难获得认可。在与物理相关的科普中，包含太多的概念，不了解这些概念，就读不懂科普。尤其是青少年，他们还没接触过那些抽象的物理概念，自然很难读得懂，这种情况在天文学科普中尤其突出。

　　古老的天文学是观测星象的学科，并把观测到的星象与人间事务联系在一起。当代的天文学，完全依靠观测技术的进步，大量的耗资庞大的观测设备出现了，它们形形色色、原理各异。它们的观测成就丰富了天文理论，导致天文物理知识大爆炸似的增长。这些物理知识很难被公众理解，这对天文科普提出了挑战。

"苍穹之上"天文科普丛书解决了这个问题，本套丛书对新知识、新发现进行了趣味的选取，并在此基础上进行艺术的重新构造之后，打磨出一套图文并茂的科普作品。这套丛书不仅选题具有趣味性，在写作方法上也别出心裁，采用比喻、拟人、自述等多种写作手法，文风各异，把所述的内容变得浅显、有趣、易懂，让文字的科普作品充满了艺术性。这既不是科幻的艺术性，也不是童话式的艺术性，而是面对着大量艰深物理概念的艺术描述。

本套丛书不是对天文科学知识进行简单的系统描述，它跟当前科普市场上的所有科普都不一样，这是艺术的科普，真正体现了科普的艺术性，这是消耗大量时间和精力的产物。

本套丛书重点反映的是最近十几年，尤其是最近几年的天文新发现。为了配合书中的文字讲解，搭配了大量的图片，这些图片或者来源于美国国家航空航天局，或者来源于欧洲航天局，特向这两个机构表示致敬，还有一些系统原理图片是作者自己绘制的。

序　言

在人类的世界中，强者欺负弱者的行为被人不齿，但是，在宇宙天体的世界内，强者欺负弱者是基本的规律。主导天体世界的是万有引力，不管是恒星还是行星，它们都遵守万有引力的规则，组成各种各样的关系。它们组成丰富多彩的天体家庭，在这个家庭内部，也会出现各种各样的关系。

在太阳系中，卫星环绕行星运转，看它们自转和公转的轨道周期是否一致，就会发现，有热情的卫星和不热情的卫星，甚至还有两情相悦，像恋人那样相互凝视对方的一对情侣。土卫十和土卫十一不仅大小差不多，还有着相同的公转周期，它们玩腻了一般的运行关系，它们会相互交换轨道，从而改变身份。

在恒星世界中，双星占很大数量，武仙座 DI 两颗恒星躺着环绕对方运行，在最靠近对方的时候，双方的引力都很大，会让彼此最接近的地方鼓起来一个大包，似乎是想要亲吻对方。在麒麟座 V753 这对双星中，只有一方鼓起一个大包，想要亲吻对方。这个突起告诉我们，它的物质正在被同伴吸收，这样吞噬对方的事情本该是最悲惨的，却被演绎得如此浪漫。

两个双星大小不一致，它们的寿命就不一样，大的演化较快，就会较早地发生爆发，而个头较小的会晚一点发生爆发，这种不对称的演化过程会出现很多奇特的事情，本来是一对兄弟的恒星后面会发生辈分的改变，其中的一颗不仅变成了行星，而且还变成了金刚石，地球上最稀有的石头居然在宇宙中以一个星球的样子出现。

在引力主导的世界中，会发生各种各样奇妙的事情，轨道周期共振会让木卫二的冰海断裂，导致一种特别的化妆术的出现，让木卫二的后面呈现红色。有些天体能够挣脱引力的控制，横冲直撞，于是地球也就有了危险，其实这也是引力在起作用。

引力最直接的表现是引力透镜，大天体质量庞大，会改变光的传播方向，让光线发生弯曲，它就相当于望远镜，让我们看到它背后的场景，那是宇宙最深处的景观。

能解释宇宙天体运行的不仅是万有引力，还有更高级的相对论，尽管不容易理解，但还是能够在太空天体的运动中体现出来，双脉冲星相互环绕的轨道越来越小，越来越近，最终会撞击到一起。船底座的热木星会在引力的主导下，迈着死亡螺旋舞步投入到恒星的怀抱，也就是被这颗恒星吞噬掉。还有奇特的双恒星共同的行星，目睹了家庭的暴力，看着其中的一颗，迈着螺旋舞步走向死亡。

行星围绕着两颗恒星运转并不稀奇，还有两颗行星围绕着两颗恒星运转的事情，一家四口的故事还比较稀奇。至于恒星柱一，可以肯定，它是两个天体，只是至今还无法揭穿它们光影魔术表演的秘密。但可以肯定，那也是引力在起作用。

恒星的天体世界最猛烈的变化是超新星爆发这种事情，它是恒星演化到末期的一种表现，一般都是红巨星变成密度极高的白矮星，今天文学家看到最绚丽的场景是1987A的爆发，它出现了三个光环，其中的一个环相当于它的珍珠项链。

超新星爆发是宇宙的烟火表演，虽然难以及时看到，但宇宙中到处都有它们留下的痕迹，很多奇异的星云都跟超新星爆发有关，这一般是X结构的气体星云，也就是爆发产生出来的灰尘，这些气体尘埃可以扩散很远，把伴星包括在其中，伴星似乎是在它的肚子里。超新星爆发的灰尘渐渐消散，还能诞生回力棒星云这样宇宙中最寒冷的地方。超新星在有伴星的情况下，可以产生很多奇特的事情，宇宙花园洒水车展示的是一个特别的痕迹，这个系统中还有另一颗天体对这些残骸产生作用。

超新星的爆发有多种多样的形式，这跟恒星的质量有关，海山二星在爆发的时候，并没有导致整个星球的瓦解，它是周期性的爆发，一点一点地走向死亡。不仅如此，还有微型的超新星爆发，这让我们对这种行为有了更深刻的认识。

恒星的死亡会留下一个美丽的星云，但恒星的诞生也会产生美丽的星云，一大团气体凝聚在一起，就会形成恒星，但是，如果周围有已经诞生的大恒星，就会遇到麻烦，大恒星发出的光芒像狂风那样扫过来，气体就无法凝聚，于是我们就看到了宇宙毛毛虫这种奇特的外形，它是一颗流产的恒星。不管是恒星还是行星，在形成的时候，如果没有足够的质量，那它就不能成为圆形，妊神星就是这样的产物。

几乎所有的恒星都是最初在宇宙大爆炸的尘埃中诞生的，那时候的气体包含有太多的氢和锂等轻元素。这些元素在演化的过程中会渐渐消逝，从而变成重元素，重元素是金属，于是，恒星家族就有穷人和富人的区分。如果一颗老年恒星包含了太多的锂元素，就可以判断，它吞噬了自己的穷伴侣。

要说吞噬其他天体这种事情，最典型的就是黑洞，这个名字就告诉我们，它是无恶不作的恶棍，不管什么天体，只要走到它的身边，都跑不掉。但这种认识正在发生改变，人马座黑洞吞噬 G2 气体云的罪恶没能得逞，气体云很可能躲过了被吞噬的厄运。至于说黑洞见什么都要吃掉，这也不准确，它也会向外界喷射电磁波，而且还会喷射铁。

至于说黑洞力大无穷，那也不对，遇到大质量星系的时候，它就倒霉了，M60-UCD1 这个矮星系里居住着大黑洞，其实就是黑洞这个恶棍被大星系欺负的结果。

引力主导的宇宙是有序的，也是残酷的，但在这残酷之中，展示给我们形形色色的多彩天体。

目录

01

热情的卫星

太阳系有接近130颗卫星，为了研究的方便，人们总是想办法按照它们的实际情况把它们划分成各种类别，按照它们围绕行星运行轨道的不同，人们把它们分作逆行卫星和顺行卫星；按照它们的大小形状划分，又可以把它们划分成规则卫星和不规则卫星；如果按照它们对行星的态度来划分，还可以划分成热情卫星和不热情卫星。

热情的月球

月球就是一个热情的卫星。一个站在地球上的人，他只能看到月球的正面，至于月球的背面是什么样，在探测器飞到那里之前，人们对此一无所知。这种现象是由月球和地球两者之间的运转关系决定的。

月球的公转周期是27.322天，这也就是阴历中的一个月。由于有了这种关系，我们才可以看到月亮的圆缺变化。另一方面，月球在围绕地球运转的时候，还要自转，它自转一圈所需要的时间与围绕地球公转一周的时间相同，也是27.322天。这个巧合使月球只能以一面对着地球，如果把这两个天体看作是一对舞伴的话，那么月球就表现出了很高的热情，它深情地凝视着地球。

但是，地球的自转周期是24小时，与27.322天相差太远，二者不能保持同步，地球这个舞伴对它就没有表现出应有的热情，它时而面对着月球，表现出很高的热情，时而背对着月球，似乎是对月球不理不睬，没有表现出应有的热情。

热情的火卫双兄弟

如果我们把视线稍稍向地球轨道外侧转移，就会发现，火星和它的卫星之间也有着相似的关系。火星的自转周期与地球近似，也是24小时，它的卫星火卫一环绕火星运行的周期却很短，只有7小时39分钟。虽然它也是从东方升起，但是却造成了一种奇怪的现象。由于它的自转速度远远赶不上火星的自转速度，从火星上看天空，这个月亮是从西边升起，而从东方落下。这就好比围绕圆形跑道赛跑的运动员一样，当第一名把最后一名撇下一圈之后，看上去，就搞不清谁在前面了。火卫一就是这样每天不知疲倦地在火星的天空跑上两圈半。

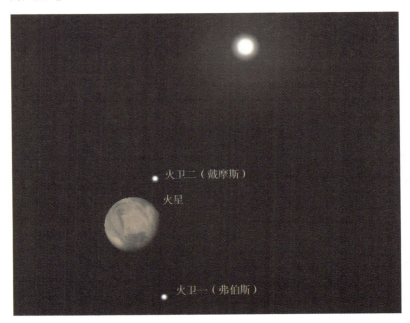

火卫一的公转周期产生了这个结果,但是它的自转还产生另一个结果,那就是和地球与月球的关系一样,它也是含情脉脉地望着火星。因为它的自转周期竟然也与它的公转周期一致,也是7小时39分钟。

如果你以为这样很奇妙的话,那么更奇妙的还在后面。火星还有另一个卫星,那就是火卫二。火卫二太小了,在火星上刚刚能够看到圆面。它的自转周期与公转周期也一样,都是1.262天。很显然,这也是一个热情的卫星,在火星这个情人的面前,火卫二好像是与火卫一争宠似的。

不管是火卫一还是火卫二,它们各自的自转周期与公转周期都一样,这就造成同样的态度,对于火星来说,它们都是热情的卫星。但是,火星的自转周期与它们都不一样,这就造成了和地月系统同样尴尬的场面,火星对它们两个都是不理不睬。

圆满的冥卫系统

当我们的目光从火星向外伸展到冥王星时,我们会发现,冥王星的卫星也存在着相同的情况,但是,这个行星系统与前两个相比,却存在着差别。

冥王星的直径是2600千米,而冥卫一的直径为1200千米,它们之间的体积、质量相差较小,远不如其他行星和其卫星那样相差较大,因而被看作是太阳系中的孪生兄弟。冥王星的卫星名字叫做卡戎,它自转一圈的时间是6.3867天,而且它围绕冥王星公转一圈的时间也是6.3867天。这一点与前两个例子相同。

但是冥卫系统与地月系统不同的是，冥王星自转一圈所需要的时间跟卡戎的自转和公转周期一样，竟然也是6.3867天。这就是它与地月系统和火卫系统根本的区别，卫星的热情换来了回报，

行星也以同样的热情关注着卫星。冥王星也总是以一面对着卡戎，这个系统的两个天体就像一对亲密的恋人那样，双方深情地凝视着对方，而且永远如此。

如果站在冥王星上看天空，卡戎这个月亮永远不会东升西落，它永远固定在那个地区的上空。冥王星另一半球上的居民（如果有居民的话）可能都不知道还有月亮这回事。对于他们来说，这确实是一个很遗憾的问题。

卫星为何热情

围绕行星运转的卫星，就像是行星的妻子，对冥卫系统来说，这种双方都表现出热情的系统，就像人类的婚姻关系一样，是两情相悦，因而这个家庭是稳定而和谐的，将会长久存在。

但是，其他系统就不一样，从长期的眼光来看，卫星围绕着行星运转，都不是稳定的状态，在未来的几百万年中，它们或者会远

离行星，或者会靠近行星。地球和月球的关系是不和谐的，仅有一方热情，另一方不予理会，它们之间的关系总有一天会崩溃。

至于火星的两个卫星，一般认为，火卫一在逐渐靠近火星，最终会落到火星上，而火卫二则会逐渐远离火星，也会导致它与火星关系的崩溃。更何况，火星家族是一颗行星带着两颗卫星，就像一夫二妻那样，这个家庭是不和谐的，这个因素也会导致家庭的崩溃。

02

会交换轨道的姐妹卫星

说不清发现者是谁的卫星

在上两个世纪，太阳系新天体的发现者，都会在天文学史上留下名字，成为该天体难以遗忘的标志。谁是真正的发现者，也会出现一些纷争，比如，距离木星最近的四颗卫星，都说是伽利略发现的，后来证明是中国古代两千多年前的甘德发现的。在太阳系卫星的发现历史上，有一例发现者的纷争却很特别，这就是土星的第十颗卫星——土卫十。这颗卫星最早是由法国的多尔菲斯在1966年发现的，但是人们用怀疑的态度问道：他发现的真的是土卫十吗？

产生这样的问题实在不奇怪，因为后来人们知道，土卫十和土卫十一是一对姐妹卫星，不仅大小差不多，轨道周期还一样，它们的轨道距离土星的距离也一样，它们其实就是一对双胞胎，如果说你在街上看到了其中的一个，人们一定会问：你看到的是哪一个，是姐姐还是妹妹？多尔菲斯就无法说清他当时发现的是土卫十还是土卫十一。

还有两个人也有望得到土卫十发现者的称号，这两个天文学家在1978年的时候就认为，在多尔菲斯发现土卫十的地方，应该有两颗卫星，但是他们却没有办法证明。

又过了两年，旅行者一号探测器来到了土星周围，它证实，这里确实有两颗卫星，分别是土卫十和土卫十一，而且它们是一对双卫星。对于旅行者一号来说，虽然它并不是专门探测土星而来，但它从土星周围经过，看得更真切更仔细，应该说，旅行者一号才是土卫十的发现者，因为它不仅清楚地观察到了土卫十，还清楚地观察到了土卫十一，并且还特别指出它们是一对孪生姊妹。多尔菲斯只看到了一个，他无法说得清他看到的是哪一个，所以他不能算是发现者。至于那两位预言家，他们并没有真正看到这对双卫星中的任何一颗，也不能成为发现者。

一年只有近十七个小时

既然土卫十和土卫十一是双姐妹，就要分清楚谁是姐姐谁是妹妹，这是一个比较困难的问题，因为它们并不是圆形，不能使用直径这一简单的数据来衡量大小。

这两颗卫星的个头都太小，远远没有达到直径400千米。只有达到直径400千米的星体，它自身的引力才能把足够的物质构成圆形，这两颗卫星外形不够规则，称它们为超级大石头比较合适。土卫十较大一些，如果把它的中心当作坐标原点，那么它的三个直径分别是196千米×192千米×50千米，土卫十一的三个直径分别是144千米×108千米×98千米。

土卫十和土卫十一不仅大小差不多，还有着相同的公转

周期，它们的公转周期是16小时41分钟，在这段时间内，它们可以围绕着土星运转一圈。围绕着土星运转一圈，也就是卫星上的一年。我们地球上的一年是365天，这对姐妹卫星上的一年比我们的一天还短得多。至于它们的一天是多长时间，这似乎没有意义，因为在这种并不是圆形的天体上，可能没有严格意义的自转，也就谈不上自转一周是多少时间。

16小时41分钟围绕土星一圈，一年实在是太短了，但是这里的人绝不会感觉到这一点，他们会觉得时间过得太慢了。这两个卫星都处于引力锁定状态，是一对很稳定的卫星，它们总是以一面面对着土星，就跟月球环绕地球运行的情况一样。站在卫星这一面上的人们，只要一抬头就能看到土星，还有土星那美丽的光环，而且他们看到的景观永远不变。但是，对于另一半球上的人来说，他们永远也看不到这幅美丽的景观。他们会感觉到，自己所在的这颗卫星没有自转。

四年一次交换轨道

生活在这种没有自转星球上的人们也不要太沮丧，他们会体会另一种绝对奇妙的经历，那就是乘着整个星球去旅行。因为这两颗卫星每隔四年，就会交换一次轨道，他们所在的星球已经不在原地方了，几乎变成另一颗星球。

土卫十和土卫十一，有着相同的公转周期，有人说它们共用一条轨道，但严格来说，并不是这样。它们的轨道有一点小小的

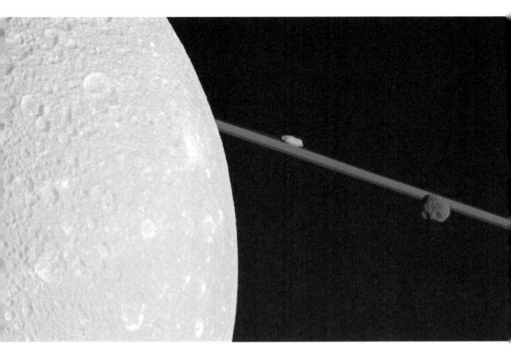

最右边是土卫十一

差距，土卫十距离土星151472千米，土卫十一距离土星151422千米，两者相差50千米，比它们任何一颗的半径都小，几乎可以忽略不计。

说它们并不是共用一条轨道这并非是关键，关键的是它们的轨道倾角不一样。

可以把卫星的轨道看作是套在行星外侧的大圆圈，这样就可以分出二者轨道的区别。如果正好在行星赤道的上空，那么轨道倾角就是零度。土卫十比较水平一些，它的轨道倾角是0.16度，而土卫十一的轨道就倾斜得比较厉害，它的轨道倾角是0.34度。这样大小一样的两个大圆圈至少就会有一个交叉点，恰恰是轨道的交叉创造出来一个奇迹，让它们每隔四年时间，就会相互交换轨道。从下面升上来的将会取代上面的卫星，同时上面的卫星会降下去走轨道倾角较大的那条轨道。

旅行者一号探测器发现，每隔四年，它们会交换一次轨道，然后各自没事情一样，继续向前飞奔。这真是一对不分彼此的双胞胎卫星。

头对着头在轨道上打滚的双星

不合乎规矩的陀螺

武仙座在北方的天空，这个星座有多颗亮星，有人却对其中并不明亮的一颗星产生了兴趣，这颗星就是 DI。这是一颗8.5等的恒星，用望远镜可以发现，它并不是一颗简单的恒星，而是聚集在一起的双星。对它感兴趣的是美国维拉诺瓦大学的天文学家希南，希南发现，这个双星系统很奇怪，它们不遵守爱因斯坦的相对论。

双星在宇宙中比比皆是，它们就像是一对情人，虽然它们看上去不动，其实，任何一对双星都在运动，相互围绕着对方运动，这种运动就像是一对情侣手拉着手在跳圆圈舞。如果它们站立的位置跟我们的视线在同一平面的话，那么我们就会看到，男人经常在女人的身前经过，当然，也会看到女人在男人的身边经过。很幸运的是，DI 的位置就与我们的视线在同一平面，我们可以很完美地看到它们的舞姿。

希南作为这对舞伴最忠实的观众，把它们的情况记录下来。表

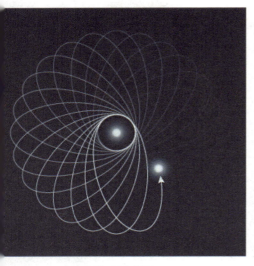

DI 进动示意图

面亮度相当于50倍的太阳光芒。每隔10.55天，它们就会挡住对方一次。希南在测量恒星的质量、体积、亮度的时候，发现这两颗星球有着不符合理论的进动。

冬天的时候，北方的孩子很喜欢玩陀螺，把一个陀螺放在光滑的冰面上，用鞭子抽它，陀螺就转动起来。陀螺的自转轴不停地指向天空中不同的方向，看起来，陀螺就像一个不倒翁那样摇摇晃晃，这就是进动。

武仙座 DI 双星在相互绕转的时候，也会发生进动，两颗恒星靠得最近的时候，它们的运动速度跟理论计算数值存在着很大的差距，这个数值只有理论数值的四分之一。为什么它们在最近的时候速度会慢了四分之三？居然胆敢不遵从爱因斯坦的相对论，这真是两个不守规矩的陀螺。

两个星球上的大肿包

这种不合乎理论的事情还是头一次遇到，希南开始考虑各种各样的因素。他开始怀疑，在这对情侣之间，是不是还有第三者，是第三者影响了它们的感情，这个想法后来被否定。他也试图采用其他的方式来解释，但也没有结果。三十多年来，希南就是这样一直在研究这对双星，一直找不到合适的答案。

希南的困惑让西蒙·奥尔布莱奇知道了，他领导的小组也开始研究武仙座 DI 双星的反常进动问题，最后他们发现了一个重要情况。他们发现，这对双星的自转轴都是倾斜的，而且倾斜得厉害，它们几乎都是躺在自己的轨道上围绕着对方运行，运行的时候，它们头对着头，脚都朝向外侧。

武仙座 DI 双星这种奇怪的运动是希南没有想到的，奥尔布莱奇使用了更高级的望远镜，把他们观测得到的光谱通过更高级的计算机演算才得出这个结论。

虽然发现武仙座 DI 双星头对着头，躺在轨道上运行，却还是没有回答本来的问题，它那反常的进动是怎么形成的，于是，科学家们又发现了另一个秘密，那就是这对双星在相互距离靠得最近的时候，双方的头上都会出现一个大肿包。

在地球上，当海潮来临的时候，大海浪一次又一次地冲积海岸，这是月球引力造成的，当月球靠近地球的时候，相互之间的引力很大，就会发生这种情况。在武仙座 DI 双星那里，这种情况严重很多，它们之间的距离只有地球与太阳距离的五分之一，这使得它们之间的引力非常大。另外，这对双星的质量都相当于太阳的五倍，这两方面的因素都大大增强了引力的强度。于是，就出现了一种引力的奇观：两个星球在靠得最近的时候，它们的头上都鼓起来一个大肿包，出现这种大肿包跟地球上的海洋潮汐是同样的道理。

这两个大肿包遥相呼应，似乎都在向着对方遥望。你对我产生引力，我也对你产生引力，只怕距离再近一点，这两个大肿包会连成一体。

如同一个人的身体，既然是大肿包，就有消除的时候，当这两个星球逐渐远离的时候，它们也就开始好转，大肿包也就消失了。这个大肿包会带来额外的引力，额外的引力导致了进动的不正常，它的进动只有希南观测到的四分之一，这就是希南困惑的原因，当大肿包消失的时候，它们的进动又开始变得正常起来。

武仙座 DI 双星头对头在轨道上打滚

奇异的运行关系只是特例

虽然恒星世界中，有着太多的双星，但是像武仙座 DI 这样双方都采取头对着头，躺着打滚的方式来运行，还是第一次被发现。武仙座 DI 是一对密近双星，在很久很久以前，它们在同一片星云中形成，同一片星云哺育出来的双星，它们的自转轴应该与轨道垂直，它们应该以很正常的姿态来跳舞，但是，它们却选择了如此奇怪的方式，真让人大开眼界。

这种奇怪的方式似乎挑战了人们原有的观念，其实这也没有什么值得大惊小怪的，在我们的太阳系中，也有这种情况，天王星就是这样躺在轨道上围绕着太阳运转，天王星是太阳系的一个特例，武仙座 DI 也是双星世界的一个特例。

但是，发现武仙座 DI 双星头对头运行的科学家，对此并没有多大兴趣，他们最根本的目的是要验证爱因斯坦的相对论，他们说这种运动也符合相对论，他们更高兴地宣称，爱因斯坦的相对论又一次得到了验证。

04

想要亲吻伴侣的恒星

双星的世界

在浩瀚的星空中，有很多恒星靠得很近，如果两颗星靠在一起，我们会把它们称为双星，但这有另一种可能，它们可能仅仅是看上去方向位置在一起，实际上相距十分遥远，这不是真正的双星，我们称之为目视双星。真正的双星是一对靠在一起的恒星，有着相互的引力关系，就像一对离不开的恋人那样。

也许它们是最初一起形成的，也许它们是后来走到一起的，不管它们是通过什么方式走到一起的，在一起的一对双星都让天文学家非常感兴趣。在一起就可以测量这个系统的各种关系，通过测量它们的引力关系，可以推知它们能否长期存在，质量谁大谁小，轨道谁大谁小，进而知道其他各种关系，也就得知了这个系统的家庭关系是否和谐。

双星是个奇妙的世界，在探测双星的过程中，中国云南天文台的科学家们领先了一步，他们发现了不少奇妙的双星。以前，该台的钱声帮研究员发现了一对类似于花生那样连在一起的一对双星，连起的部分就像是双方都努起嘴在接吻那样。

此外，该天文台又发现了一个单方面努嘴，而另一方对这种热情不理不睬的双星，这对双星就是麒麟座 V753。

单一的热情

有着引力关系的双星，一般都大小悬殊，有着很大的差距，它们个性不同，分别属于不同的种类，在双星世界中，很少能找到大小相等的一对。但是，在麒麟座 V753 这个系统中，两颗恒星大小基本一致，V 这个字母首先告诉我们它们是变星，而且告诉我们，它是这个星座中第 753 颗变星。两颗恒星都是 A 型恒星，这种恒星温度大概为 7500~10000 摄氏度，颜色呈现出白色，这似乎告诉我们它们有着相同的起源。A 型恒星的大小跟太阳相仿，这两颗恒星的大小也几乎一样，M1 质量为 1.597 太阳质量，M2 质量为 1.647 太阳质量，这样的比例可以说大小一样，几乎就是一对难以分辨的双胞胎兄弟。

研究小组发现，小的恒星也就是 M1 很特别，在靠近 M2 那一

麒麟座 V753 双星系统示意图

面，有一个大大的突起，就像是努起嘴，向对方示爱索吻那样，但是，对方的行为十分正常，没有对它的要求作出反应。

我们看到的仅仅是此刻的景观，相信要不了多久，这样的景观将会消失，它们会恢复到正常状态，M1那努起的嘴将会消失，两颗星依然像原来那个样子彼此环绕运转。

双星的前世今生

按照一般的天体演化常识，大的恒星演化比较快，它的寿命也就短一些，当它演化到一定程度的时候，它的物质将会膨胀，这些膨胀的物质，向外界扩展的时候，由于受到伴星的吸引，就会在接近伴星的位置出现泪滴状的突起，这个突起就告诉我们，它的物质正在被同伴吸收。但是，奇怪的是，在麒麟座 V753 这个系统中，是小的伴星有泪滴状的突起，突起的方向指向较大的恒星，较大的伴星没有这种泪滴状的突起对着同伴，就像它对对方的热情毫无反应那样。

这就告诉我们，质量小的 M1 原来很大，它是捐助者，它通过泪滴状的突起向 M2 转移物质，M2 也会作出相应的动作，它也会努起嘴接收这些物质，M2 会因此逐渐长大，与此同时，M1 也就越来越小，直到双方一样大。但是，双方质量一样大之后，物质流失并不会停止，还要继续进行下去。我们看到的是它的一瞬间，它的物质流失刚刚结束，M2 努起来的嘴刚刚消失，M1 的努嘴还没消失。

从前的它们并不是一厢情愿，而是两情相悦，那时候它们是彼此亲吻对方，通过亲吻过程把 M1 的物质传递给了 M2。轨道大小的变更揭示了这一切，告诉我们它们的前世今生。M1 把自己的物质向伴星输出的时候，双星相互绕转一圈的轨道周期也会发生相应的变化，这个周期会变短，当接收者接收到物质，两颗恒星大小一样的时候，它们的轨道周期最短，当接收者比捐助者大的时候，它们的轨道又开始变大。

现在知道，麒麟座 V753 两颗星相互绕转一周的时间是 16 小时 15 分钟，但这并不是不变的，从长期的情况来看，这两颗恒星的相互绕转轨道正在增大，这就说明，它们刚刚经过质量一样大的时候。

05

一颗金刚石行星
的怨恨

超新星把金刚石送往地球

在远古的时代，人们对一年四季星空的变化怀着一种深深的敬意，星星是他们崇拜的目标，他们把宝石的闪亮和星星的闪亮结合在一起，说星星像宝石。文明的都市里，星空已经看不到，银河更是像传说那样无影无踪，但是，人们依然记得儿时的歌谣："天上的星，亮晶晶，数来数去数不清。"并把钻石这个概念赋予星星，说他们就像是钻石那样闪亮。

不管是古代还是现代，人们都把星星的闪亮与钻石联系在一起，这种说法是有问题的。每一颗可以看到的星星都是巨大无比的恒星，在距离地球十分遥远的宇宙里，而钻石却十分小，只是一个小小的颗粒。

更大的问题是，钻石在自然界并不存在，它是经过琢磨的金刚石，地球上的金刚石是十分稀少的。金刚石看上去很普通，但是，金刚石经过精心的切割、打磨，就会产生多个晶面，散发璀璨的光芒。这才是钻石，钻石与金刚石的关系就像是木头和家具那样，需要经过二次加工，金刚石才能称为钻石。自然界中的金刚石都很小，这也注定钻石很小。最大的钻石，也就是经过琢磨的钻石质量也仅仅有600克拉，相当于120多克。

那么有没有像天体那样大的金刚石呢？有，我就是这样一颗巨大无比的天体，整个身体就是一块巨大无比的金刚石，在遥远的太空注视着地球。

这似乎不可思议，在寒冷的太空中怎么会有金刚石呢？怎么会有形成金刚石的条件呢？要知道，金刚石在地球内部需要经过极高的高温才能形成，不仅如此，还需要极高的压力，也只有在地球的内部，才能产生极高的压力。金刚石是在远古的地球内部形成的，地壳的变化，让它们渐渐上升到地表面，重新分布在一些地方，或者在河流中，或者在土地里，当然更多的在矿坑里面。现在，人们在高温高压的环境下，也可以人工制造出来金刚石。

金刚石是在地球内部自己形成的，这只是一种传统的说法，要说金刚石是在太空形成的似乎更合适，恒星内部不仅有高温的条件，还有高压的条件，而且，温度和压力特别大，大到恒星本身无法支持住的时候，于是一个天体就解体了，产生了超新星爆发，超新星爆发把金刚石喷射出去，随着尘埃和碎块一同飞行，来到地球上。

在一些来自太空的陨石中，人们发现了金刚石，那是星体碰撞后留下的残骸，它们的体积极小。所以，与其说地球内部形成了金刚石，还不如说是遥远时代的超新星爆发把金刚石送到了地球上，在恒星的演化过程中，金刚石很容易生成。

烈火修炼的漫长岁月

我是一颗金刚石星体，虽然光彩夺目，组成成分却是碳元素，碳就是煤炭，可以燃烧，可以带来光明和热量的物质。碳这种元素，组成的形式是多种多样的，不仅铅笔芯是碳，就连飞机的外壳也是碳，叫做碳纤维。碳更能以多种元素组合，构成复杂的物质。

生命是由碳、氢、氧三种化学元素构成的，不管是小麦，还是苹果，不管是植物，还是动物，甚至是人类，主要成分都是碳氢氧三种元素。但是，不管是什么生命，如果把它们投入熔炉中去焚烧，都是只剩下一堆灰烬，这堆灰烬就是碳元素。

从本质上来说，地球上不该有碳元素，碳元素来自太空，是太空中恒星的演化，产生了碳元素，后来又经过超新星爆发，把碳元素送来了地球。宇宙中的碳元素是在恒星的大熔炉中煅烧而成的。经过烈火的修炼，才产生了我——一颗金刚石星体。

在宇宙刚刚诞生的时候，还没有恒星，当然也没有我，也没有地球人类。那时候的宇宙，只有氢元素，到处弥漫着氢元素组成的气体。当氢元素凝聚成一团的时候，就会越聚越多，越聚越大，成为一大团气体，气体的温度越来越高，就会燃烧起来，发出烈火一样的光芒。这就是一颗恒星，跟太阳一样光芒四射。

我就是那个时候诞生的，跟宇宙中所有的恒星一样，发出耀眼的光芒，我们燃烧的是氢元素。但是，好日子并不会长久，总有一天，氢元素会燃烧完，不再有能量，对于太阳那样的恒星来说，这个过程能维持50亿年。50亿年之后还燃烧什么呢？不要着急，宇宙早就做好了安排，氢燃烧过后会变成氦元素，氦元素照样也能燃烧，它需要更高的温度才能点燃，燃烧产生的温度也会更高，将会到达1亿摄氏度，而氢燃烧只能达到1000万摄氏度。依靠氦元素的燃烧，我还能维持十几亿年。

那时候，我是宇宙中第一代恒星，比太阳诞生得早，那时候的太阳还是一团没有成型的气体，而我却在向宇宙发射出巨大的热量，对此，我感到骄傲和自豪。我曾经这样问自己，我这样无休无止地燃烧，究竟是为了什么？很遗憾，我找不到答案。

随着时间的慢慢流逝，我明白了，我这样燃烧的目的是制造出碳元素。氦燃烧的过程就是制造碳元素的过程。这个过程也就是制造出金刚石的过程，但我并不是简单和缓地变成一颗金刚石的星体，这个过程是很复杂的，也存在着很多不确定性。

对于我来说，我没有那么大的个头，我的演化之路到此也就该结束了，这个结束伴随着一个激烈的过程。那就是，我要经过一轮生死的考验，发生一次超新星爆发。当超新星的光芒褪尽，我就成为一颗温度更高、密度更大的白矮星。

这就是我的今天，一颗白矮星，在高压的环境下，碳元素已经结晶，变成了一块巨大的金刚石，从内到外坚硬无比，这是恒星大熔炉的产物。在这里，演化的结果还会存在一些氧元素和氦元素，它们的数量很少，作为稀薄的大气层环绕着我，于是，我是颗名副其实的金刚石星球。

这个时候，我也是骄傲的，但是，当我看到我的兄弟的时候，我的骄傲就荡然无存。

兄弟老年相见

当我从一大堆星际尘埃中形成的时候，并不是一个人独自出生，和我一起出生的还有我的兄弟，可以说，我们是一对双胞胎，是一对双星，这种情况在宇宙中很多，宇宙中的很多恒星都是双星。

我和我的兄弟一同形成，也一同慢慢长大、变老。但是，因

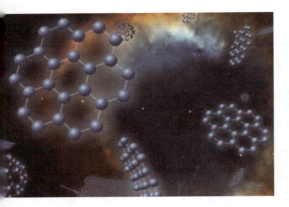

为起初个头不一样，也就注定我们会沿着不同的方向演化。因为在形成的时候，我的兄弟他从早期宇宙中吸收到的氢元素较多，比十个太阳还要多，这么多的物质也就注定他燃烧的温度更高，提前把氢元素燃烧完了，于是他在我之前进入到氦元素燃烧过程，而后又进入到碳燃烧过程，碳烧完后，还会进入更高一级的燃烧，总之，燃烧产生的化学元素越来越重，但是，它却不可能无限制地一步一步走下去，因为它的压力在增长。直到有一天，它的压力把电子压进原子核的内部，全部成为中子。这时候就没有化学元素的区别了，于是它也经过一次激烈的超新星爆发，变成了一颗中子星。

命运就是这么捉弄人，我们一起出生，我变成了白矮星，可是我的兄弟却变成了中子星，这也依然要归结于当初的安排，他就像是得到了足够的奶水，长成了大个子，而我营养不良，匆匆走到白矮星就结束了发育。

老年的我们相互比较一下，就会发现很多不同，最大的不同点表现在密度上，我是一颗白矮星，密度异乎寻常得高，每立方厘米，也就是手指头那么大一点，质量就达到几十吨，需要很大的起重机才能吊起来。这么高的密度很惊人了吧，但是，在我兄弟中子星面前，这是小巫见大巫，中子星的1立方厘米可以达到1亿吨。半径10千米的中子星就可以与太阳相提并论了。

种种特性显示，他并不是一颗普通的中子星，他是一颗能够发出电磁辐射的中子星，也就是说他是一颗脉冲星。就像是大海中的灯塔那样，不停地向周围扫射出电磁波。

密度不同并不是我感到不满的地方，他能发出电磁波也不是我不满的原因，毕竟我们是兄弟，我应该为兄长的这些成就感到骄傲，但是，他不该恃强凌弱，欺负我。让我不满的原因是我们的关系发生了改变。说起来，真是家门不幸，这是巨大的耻辱。我们本来是兄弟，最终，我们却成为父子。

兄弟变成了父子

当初我们一同诞生的时候，虽然有着质量上的差异，但我们还是像亲兄弟那样，手拉着手，就像在跳交谊舞，双方之间保持着一定的距离，在彼此绕转。这种绕转表明，我们的地位是平等的。但是，后来，情况发生了改变，而且是一场大改变，我变得开始围绕着他转了，他一举成为主角，我成为配角。

这一切还得从我们的个头不一样说起，当我成为超新星爆发的时候，释放出来巨量的物质，这些物质成为一个外壳，释放到周围的宇宙空间，俗话说，肥水不流外人田，这些爆发出去的外壳物质，最终全部被脉冲星吸收了，我的物质日复一日地流向脉冲星。说起原因，还是因为它的个头大，引力也大，似乎当初的大小不均已经注定了今天的结果。

跟爆发前的我相比，我的质量损失得太多了，只留下中心一个小小的核心，这就是我，一颗白矮星。但是，我的兄弟，却因为从我这里吸收了大量的物质，变得更加强大了。这种变化导致我们的引力关系也发生了很大的改变，我不能再与他称兄道弟了，我们的关系必须要做一次彻底的改变，于是，我们不再相互绕转，我开始从固有的轨道走开，进入到环绕他运行的轨道，我开始成为他的行星。

悲哀啊，这就是我们的命运，这就是我们的结局，强者越强，弱者越弱，我因为个子小被他欺负，最后完全成为配角，成为他的一颗行星，兄弟变成了父子。

超级金刚石很愤慨

让我不满的并不仅仅是兄弟变成了父子，还有随之而来的一系列问题。

我在围绕着脉冲星运转，他是我的主人，作为主人，他有自己的名字，他的名字叫做 PSR J1719-1438，虽然这个名字并不好听，但也让我无比羡慕，因为我至今还没有自己的名字，而只是拥有一个从属于他的名字，叫做 PSR J1719-1438B，我只是从属于他，人们只是习惯地称我为一颗金刚石行星。

现在已经发现了一些金刚石恒星，恒星比我的辈分高，它们也没有自己的名字，似乎我不该有什么奢望，但是，这却是一个不能忽视的问题。可以预言，具有我们这种金刚石特性的星球很多，现在其他的金刚石行星也会出现在天文学家的视野里，巨蟹座55e，还有绕脉冲星 PSRB1257 + 12公转的行星都是碳元素行星，它们很可能也是金刚石行星，只是还没有被确认，等到确认的时候，我们就成为一个大家族，那时候我还是没有名字吗？

我们碳行星之所以会形成，更多的原因在于水土吧，我和这个所谓的父亲一同形成的时候，我们这里是缺氧的，太阳系就形成于富含硅 – 氧化合物的地方，但我们这里却富含碳元素，这导致了今天的结局。也许我该怨恨我出生的这个地方。

作为我的兄弟，他处处炫耀自己，从来没有顾及我的感受，更加让我生气的就是他的自转，PSR J1719-1438是一颗脉冲星，在高速度地自转，把他的光芒和电磁波扫向宇宙，向宇宙炫耀他的存在，似乎他是真正的成功者。

当他的电磁波扫过我的时候，我的身体上就会激发出光信号和电信号，也正是因为这个原因，科学家才发现了我，而且还据此得出结论，知道我每隔2小时10分钟围绕他运转一圈，我们之间的距离是60万千米。

他的自转是那么高速，每分钟可以自转一万圈，一般天体，以这么快的速度自转都会把自身的物质甩出去，而变得支离破碎，我在心底诅咒他快一点崩溃吧。但这是不可能的，他的密度比我还高，因为他的本质是一颗中子星。这也注定他有巨大的引力，让他在高速度自转的时候不会崩溃。

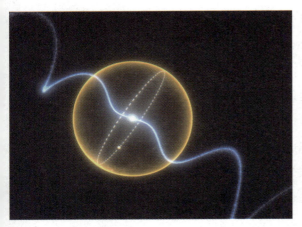

PSR J1719-1438脉冲星和金刚石行星艺术表现图

我的怨恨不仅来自我的主人，还来自地球，当我出现在地球人面前的时候，有贪婪者宣布，我属于他所有，我成为他的个人财产，他骄傲地向地球人宣布，他拥有最大的钻石，而且还要售卖。

这真是荒唐透顶的事情，我在遥远的巨蛇座，距离地球有4000光年那么远，你怎么运回地球？我的体积并不大，但就直径来说，也能有地球的5倍，在行星家族中也是庞然大物了，更何况，我的密度也大得很，比太阳系的木星还要重得多，谁能带得走？

另一个事实我也必须要告诉他们，在我的表面上，存在着金刚石，但是也存在着很多硅酸盐和石墨等物质，我并不是一颗纯净的金刚石。

对于这些具有贪婪之心的人，我还要告诉他们，不仅宇宙中有金刚石天体，就是黄金星体也会有，你能带得走吗？

谁给木卫二的屁股搭脂抹粉

木卫二红扑扑的屁股

除了月球之外，木卫二是太阳系最明亮的卫星，这得益于它表面的冰川，它表面有一层厚厚的冰壳，这层冰壳最大地反射了太阳的光线，当然，也反射了木星的光芒。木卫二也是太阳系知名度很高的一颗卫星，之所以如此，完全是因为这里富含水分，水分是生命最需要的成分，所以，水就预示着生命的存在，对这里是否有生命的讨论一直没有停止过。

它的亮度和知名度都跟水有关，也就是跟冰层有关，现在可以得知，在冰层的下面，会有很多的水量，那是冰层下面的海洋，它几乎覆盖整个星球，在水层的下面，会有一层岩石层，再下面，有一个金属核心。

木卫二并不是一个简单的冰球，木卫二的表面并不是一片白色，而是有着很多划痕，最早认为这些划痕可能是小天体撞击的结果，但是现在看来可能是地下的水冰融化在冰面上形成的河流。这

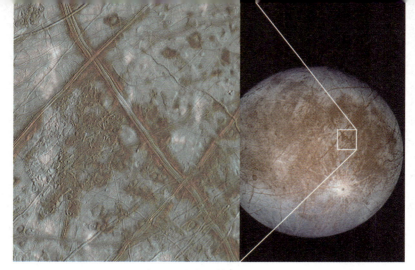

木卫二的表面精细部分

些划痕看起来张牙舞爪，在某些地方，划痕纵横交错，就像是很复杂的运河渠道，如果最早期的地球人看到这些，他们也会认为这个星球上有人在这里规划出运河。木卫二上没有山川，只有很低矮的高地和几个环形山，这就让那些划痕显得更加明显。

值得注意的是，这些划痕是红色的，不仅如此，在这些划痕附近，也呈现出淡淡的红色。似乎是河渠里面流淌的红色液体湿润了河岸，把这些周围的地带也染成了红色，这些红色在白色的木卫二表面上十分显眼。

但是，在木卫二上，并不是整个星球都蒙上红色，而是在它环绕木星运行的后面才有淡淡的红色，那里就是它的屁股，就像是木卫二白色的屁股上抹上的脂粉，显得红扑扑的，给它增加几分魅力。

长期以来，这种红色究竟代表着什么，它们是怎么形成的，一直是科学家感兴趣的问题，他们把这个问题与冰川下面的海洋联系在一起，幻想着水下生命的性质。

在探测器没能深入地下之前，科学家却可以利用现有的技术条件，研究这些红色的脂粉是怎么形成的。现在，科学家确信，一系列非常复杂的因素导致了这样的结果。首先，木卫二上的这些红色的脂粉跟他的兄弟——木卫一上面的火山爆发有关。

木卫一的火山灰造就了硫酸雨

木卫二因为表面布满冰川被看成是一个寒冷的星球，但是，木卫一却跟它截然相反，火山活动主宰了木卫一星球的表面，这里是一个热的世界。

在探测器抵达木星之前，科学家以为，木卫一很容易受到陨石的撞击，上面应布满大大小小的环形山，他们准备看看表面的陨石坑数量，然后以单位面积内留下的陨石坑数量来估算星球外壳的年龄。但是，探测器发回来的照片显示，木卫一表面上的环形山屈指可数。这样看来，其表面非常年轻。造成这种外观特性的原因是火山喷发，火山不断地喷发，把灰尘重新覆盖在星球表面，于是，我们看到的就是一个年轻的星球。

在木卫一的表面，有着极高的温度，旅行者探测器发现，木卫一的表面有不少火山，数千米深的火山口，它们在向外界喷发物质，地面流淌着长达几百千米的黏稠液体，那可能是火山喷发出来的。除此之外，还有炽热的湖泊，但是里面的液体是硫磺，这些表面特性显示，这是一个温度很高的星球，木卫一表面的最热点温度可达700开氏度，虽然它的平均温度只有大约130开氏度。

火山喷发出来的物质会继续上升，进入太空，于是我们就会发现，本来不具有大气层的木卫一有了一层薄薄的大气，它们的主要成分是钠、钾、硅、铁等物质，当然，木卫一火山喷发产生出来的硫磺是不可缺少的物质。

这些硫磺像喷泉那样喷上天空，又像下雨那样落下来，有少数硫磺会喷发到天空，进入到木卫一的大气层。那是一个简单的大气层，引力极小，吸引不住它们，它们会继续飞到太空，弥漫在木卫一轨道周围，最终进入到木卫二上面，成为木卫二化妆的染料，把木卫二上抹上一层淡淡的红色。但是，那些物质是怎么进入到木卫二上面的呢？这还需要木星来帮忙。

近几年，科学家发现，木星上是有极光的，这表明，木星有着较强的磁场，木星的磁场有着很高的强度，比地球表面磁场强得多，木星的磁场形成了木星的磁层。它会把木卫一的火山灰电离，送入其他的地方。木星的磁层很宽广，距离木星最近的四个大卫星都在磁层的范围之内。所以，那些携带着硫酸的火山灰可以很容易地形成硫酸雨，飘飘洒洒地降落到这四颗星球表面，当然也能轻易地进入到木卫二的上面。

木星驱赶灰尘从后面撞击木卫二示意图

木星挥舞鞭子抽打木卫二

需要注意的是，那些灰尘仅仅进入到木卫二的后半部，却没能进入木卫二整个星球。这还要从木星和它的四颗卫星的相互运动规律说起。

当伽利略把望远镜对准木星的时候，他发现了木星的四颗卫星，分别是木卫一、木卫二、木卫三和木卫四，因此这四颗卫星被称为伽利略卫星。在谈到木星卫星的时候，都必须提到这四兄弟，事实就是这样，它们之间有太多的必然联系。

首先，这四颗卫星距离木星都很近，因为太近，与木星的关系处在引力锁定状态，相互之间会发生轨道共振。它们环绕木星运转一周的时间相互之间有关系，比如，木卫三每公转一周，木卫二能公转两周，至于最近的木卫一，它能够公转四周，这种关系就是轨道共振。

这四颗卫星在围绕着木星运行的时候，虽然跑得有快有慢，但是，它们有一个共同点，那就是它们始终以一面面对着木星，而另一面看不到木星。作为木卫二，它在自己的轨道上奔跑的时候，木星就在它的左侧，它的前面是空空的轨道，如果说前半部是它的脸的话，那么后半部就是它的屁股，一个偶然的因素导致了木星就在它的屁股上涂抹脂粉。

虽然木卫二以固定的一面面对着木星，但是木星没有那么热情，它不会以固定的一面面对着木卫二。木星也有自转，木星自转一圈快得很，时间为9小时50分30秒，木卫二环绕木星运行一圈的时间是85个小时，木星的自转大大快于木卫二的公转，这就出现一种奇妙的现象，木星驱动着周围空间的电离物，一次又一次地扫过木卫二，每一次都是从后面追上木卫二。就像是木星拿着一个鞭子，一次又一次地抽打着木卫二的屁股，木卫二跑一圈，木星要抽它八次半。那些被电离的火山灰就会以每小时30万千米的速度轰击木卫二的后半部，而木卫二的前方和外侧，就不会受到鞭子的抽打，在被木星鞭子抽打的一面，也就是在木卫二环绕木星运转的轨道后半球上，每隔10小时，天空就会下起一阵硫酸雨。

木卫二的化妆术

科学家一直在关注着木卫二上面的红色，他们想知道这些红色的物质究竟是什么化学成分，伽利略探测器没能完成这个任务，但是，使用地面上的望远镜可以得到这个答案。利用望远镜的光谱仪，可以鉴定另一个星球上的化学成分，最近的研究表明，木卫二上那些红色物质的主要成分是硫酸镁，这让科学家十分困惑，硫元素可以来自木

木卫二上的大喷泉和远处的木卫一

卫一，但是，木卫一上面却没有镁元素，镁元素是从哪里来的？

现在得知，这个是木卫二自己解决的，虽然表面没有镁元素，但是在这颗星球的内部有镁元素，木卫二有办法把它们从内部翻滚出来，进入地表，然后再调配，让它变成硫酸镁。

要说木卫二如何调配这些颜料，还得从木卫三兄弟的轨道共振说起，轨道共振将会产生能量，触动木卫二内部的地质运动。虽然看上去木卫二是圆的，但是共振产生的能量会让它变得椭圆，然后再回到正圆状态，这种变化非常微小，它将会让木卫二的地质结构发生断裂，不仅地下结构会断裂，地表的冰层也会断裂，那些像河流那样的划痕就是撕裂的痕迹，也就是地质运动的结果。

木卫二的下面是咸水的海洋，海水中含有镁元素的化合物，氯化镁是重要成分，它让这颗星球内部的海洋成为咸的，也支持了生命的诞生和演化。在地质运动的过程中，地下的氯化镁就会渗透出来，流入木卫二的表面，并且把断裂带周围浸润。

虽然流出来的物质是氯化镁，但是它们涌出地面之后，就会与来自太空的硫元素结合，化学反应之后的产品就是硫酸镁。虽然氯化镁可以布满全球，但是，硫元素却只会出现在这个星球的后部，所以，也只有后半部才会出现硫酸镁。

硫酸镁是无色的，并不是红色的，但是，还有一些其他的杂质也参与进来，它们被地下的水溶解之后，就以红色的面目出现了。于是，木卫二就像是一位化学家那样，自己制造出来了硫酸镁，并通过一系列其他的过程，变成了红色颜料，涂在它的屁股上。

07

将要袭击地球的恒星

地球的威胁来自太阳系以外

长期以来，太阳系第十大行星一直在激励着天文学家的探索热情，人们总是认为，太阳系应该有更多的大行星。这种热情的另一个原因是，在古代苏美尔人记载，太阳系还有一颗大行星，这颗行星失踪了。后来的人们把它称为复仇女神，并且说这颗行星的轨道非常的扁圆，它需要3600多年才能围绕太阳一周，所以它在太阳系很遥远的边疆。一般认为，是它的出现导致了恐龙的灭绝，地球的一系列灾难都是它带来的，它的下次回归将会给地球带来更大的劫难。

时间过去了很久，苏美尔人的记载被人们渐渐忘记了，但是，自从科幻电影《2012》放映之后，古代玛雅人的预言又引起人们的重视，玛雅人的历法很特别，这个历法在2012年12月22日终止了，似乎这一天就是世界的末日，这让人们又想起那颗神秘的大行星。

两种古文明的预言都促使着人们去寻找大行星，这样的寻找并没有任何进展，如果在太阳系的边疆有这么一颗大行星，以现在的技术而言，它早就该出现在望远镜里了。

现在科学家意识到，能给地球带来巨大灾难的天体可能不是来自太阳系内部，很可能来自太阳系的外部，也就是一些恒星，确切地说，是一些太阳的邻居。

在太阳的邻居中，距离我们最近的人马座比邻星虽然只有4.3光年，它并没有明显地向太阳靠近。巴纳德星距离太阳系只有5.96光年，虽然在向太阳系靠近，但是在公元11800年离太阳系最近的时候，也有3.85光年。

这些只有几光年的近邻，已经研究得很充分，不会威胁地球的安全，还有一些比较远的恒星，在长期的运行中，都不会对太阳系构成什么威胁，能对地球的安全构成威胁的是迷途的恒星。

迷途的恒星是祸首

太阳和它周围的所有恒星都在围绕着银河系的中心在旋转，就跟太阳系的行星围绕着太阳运行那样，只不过这个轨道周期太长了，长达好几亿年，这个轨道圆圈也太大了，大得直径达到好几万光年，它们各自在自己的轨道上运行，彼此秋毫无犯。

但是，有少许恒星并不能严格遵守这样的规则，它们会横冲直撞，偏离自己环绕银河系运行的轨道，如果把正常的恒星轨道看作是车轮的话，那么他们的轨道就像是车轮上的辐条，放射状地向外伸展，这些违反常规的家伙被称为迷途的恒星。

这些迷途的恒星，它想往哪个方向跑，跟我们似乎没有任何关系，但是，如果它向我们这个方向跑，比如向着太阳飞奔的时候，我们绝对不会不闻不问。这个时候，人们就该高度警惕，开始关注它们的一举一动，因为它们是地球大灾难的来源。

哪些恒星正在向太阳系靠近，这就需要最新的星表，这时候，1997 年出版的依巴谷星表就起到了大作用，在这份星表中，详细地记载了恒星的各种数据，最主要的是它们在星空中的位置，再结合最先的观测，科学家就可以发现哪些恒星的坐标发生了改变。

使用这种方法，他们找到了 156 颗这样的恒星，这是一份危险

一颗恒星逃出银河系

分子的名单。这些迷途的恒星都对太阳系的安全构成潜在的威胁，但是问题都不大。2014年，在这份危险分子的名单中又多出来9颗恒星。恰恰在这9颗恒星中，出现了一个最危险的危险分子，这颗恒星就是 Gliese 710，它位于巨蛇座，距离太阳系63光年远，能够对太阳系构成重大威胁。

　　Gliese 710并不严格围绕着银河系的中心运行，它像个不讲交通规则的醉汉，横冲直撞，每隔两百万年，Gliese 710在前进的路途上就要接近一颗恒星，向着太阳系的方向飞奔而来。

　　论起质量，它只有太阳质量的0.4～0.6倍，论起亮度，只有太阳的4.2%，是一颗典型的红矮星。它有可能与太阳系近距离接触，成为最靠近太阳系的恒星。

依巴谷卫星

矮橙星 Gliese 710 引发彗星冲击行星

奥尔特云的浩劫

Gliese 710就是能给地球带来灾难的恒星，它将要来到太阳的身边。现在科学家考虑的是，它究竟能来到太阳系的什么位置。Gliese 710跟太阳系相撞，这种概率并不大，至于跟地球相撞，概率更是微乎其微。但是可以肯定的是，Gliese 710会进入到奥尔特云，严重扰乱在那里安息的彗星。

奥尔特云是彗星的世界，它在太阳系的边缘，就像是一个大蚕茧把太阳系包裹在其中，我们能看到的彗星都是从那里来到太阳系内部的。奥尔特云距离太阳有五万天文单位，相当于地球到太阳距离的五万倍。

研究表明，Gliese 710在最靠近太阳系的时候，有可能冲进奥尔特云，扰乱在这里安息的彗星，让它们离开自己的家，奔向太阳。偶然有几颗彗星冲进太阳系是很正常的事情，与地球相撞击的可能很小，但是 Gliese 710会把大量的彗星驱赶到太阳系的内部，像枪林弹雨那样冲进太阳系，与行星撞击的概率就会非常大，地球免不了会出现灾难。

彗星大规模地冲入太阳系，这种情况过去曾经多次发生，6500万年前，恐龙的灭亡被认为是这个原因导致的，还有很多地质史上的劫难，都被认为是远古时代恒星靠近太阳导致的，它们引发了太阳系内部天体的相撞。

对于 Gliese 710 的来临，我们也不要惊慌，因为还有很多不确定性，它来到我们附近的概率是86%，可能还会有其他因素改变它的行进路线，也不要惊慌，它来到太阳系附近的时间还远得很，至少需要150万年。

08

引力透镜的奇幻世界

一块圆圆的玻璃，中间厚四周薄，这就是凸透镜，把它对着太阳，它就可以把太阳光汇聚起来，在透镜的中心形成一束很强的光芒，把这束光对着地上的蚂蚁，蚂蚁就会四散而逃，逃不掉的就会被烧死。很多人都玩过这样的游戏，也因此对凸透镜有着特殊的感情。

凸透镜是人工制造的，其实，在遥远的太空，还存在着一种天然的凸透镜，这就是引力透镜。这种透镜不是用玻璃制造的，它是天体，也就是由一个个星球形成的，这些星球集合在一起，形成大质量的星系，或者是星系团，它们拥有强大的引力，当远处的星光从它们身边经过的时候，会受到它们引力的影响，改变方向，然后再汇聚起来，使光线大大增强，这相当于放大镜，让我们看到本来不该看到的远处景物。

目前，人们已经发现了很多引力透镜现象，它们把遥远宇宙的景象呈现在我们眼前，由于形成的原因有所区别，我们看到的景观也有所不同，那是一个个奇幻的世界。

双类星体

1979年，天文学家发现了一个奇怪的类星体，确切地说，是两个类星体，它们各个方面的性质基本一样，它们靠得很近，都发出淡蓝色的光芒，在望远镜里，似有似无地忽闪着，不管从哪个方面来看，它们都是两个类星体。

但是，当用射电望远镜来观察它们的时候，却遇到了大麻烦，天文学家怎么也找不到两个类星体，他们只能观察到一个类星体，另一个居然失踪了。这种奇怪的现象让天文学家好生困惑，这时候，有人想起了爱因斯坦。

爱因斯坦在相对论中曾经提到过，宇宙中有可能会存在引力透镜现象，引力透镜会使远处射来的光线发生偏转，这让天文学家们恍然大悟。原来，根本就没有两个类星体，人们看到的只是一个类星体。在这个类星体和我们之间，有一个星系，这个星系充当了引力透镜，让这个遥远的类星体呈现出两个幻象。

185亿光年外遥远黑洞尘埃盘

爱因斯坦十字架

在双类星体中，一个引力透镜让遥远的类星体呈现出两个幻象，这还不稀奇，还有的引力透镜可以让目标天体呈现出四个幻

爱因斯坦十字架

象，这四个幻象分别展现在透镜星系的四周，看上去很像是一个十字架，所以，又叫做爱因斯坦十字架。

出现爱因斯坦十字架的时候，看上去共有五个天体，中间的是透镜天体，它通常是一个巨大的星系，跟双类星体的引力透镜不一样，这个透镜是可以被看到的。在它的四周，那四个亮点其实是同一个类星体，它在比星系还远的地方，是星系产生的引力透镜给它制造了四个幻象。分布在星系的四周，再加上发光的星系本身，让我们错误地认为，有五个天体。

这种爱因斯坦十字架现象是十分罕见的，目前也仅仅发现了两例。

五个虚像

人们曾经发现过一个引力透镜，构成这个引力透镜的不是一个星系，而是个巨大的星系团，它把远处的一个类星体呈现在我们的眼前，这个类星体也出现了四个幻象。四个幻象的类星体已经发现过，这并没有什么稀奇。后来，哈勃望远镜又给它拍摄了一张照片，这张照片让我们看到了稀奇的景象。

就在透镜星系团的附近，人们又发现了这个类星体的第五个幻象，只是这个幻象实在太暗淡了，它被掩藏在星系团那明亮的光芒中，是哈勃望远镜那强大的能力，才使它出现在我们的眼前。该引力透镜共造成了五个幻象，所以它又被称为五星级引力透镜。

五个幻象已经很可观了，但是，这个引力透镜系统还远远不是那么简单，还有一些更加遥远的星系也在这张照片上现了身，甚至一颗遥远的超新星也凑热闹出现在这里，它们也是通过引力透镜才展示在我们眼前的，只是它们的影像被扭曲得太严重了，以至于严重变形，几乎无法辨认出来。所以，这应该说是一个很复杂的引力透镜系统。

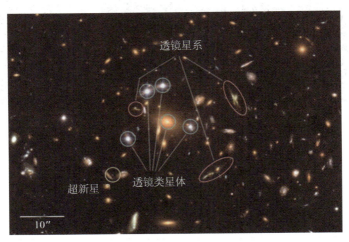

五星级引力透镜

六个虚像

在五星级引力透镜中，在中间充当透镜的是一个巨大的星系团，它强大的凝聚力把很多星系结合在一起，相当于一个透镜。但是，宇宙中还有很多星系并没有那么团结，它们比较分散，虽然比较分散，其实它们之间还是一个星系团，如果有三个星系组合在一起，它们分别构成单个的引力透镜，那么就会出现很复杂的现象，2001年的时候，科学家就发现了一个这样的例子。

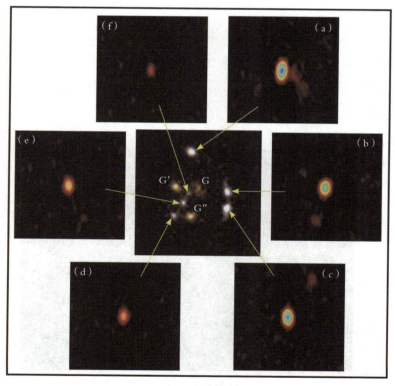

B1359+154 六个虚像

这个引力透镜系统在牧夫座，距离我们70光年，它们组成了三角形，它们联合起来，把一个110光年远的目标呈现在我们眼前，这个目标被称为 B1359+154，当 B1359+154出现在人们眼前的时候，人们惊奇地发现，它有六个虚像，其中的四个在透镜星系组成的三角形之外，另外两个在三角形之内，平均来说，每个星系造成了两个虚像。

当它在1999年被发现的时候，人们意识到这是一个新的例子，它可以说是三个透镜的组合，这几乎是不可思议的奇景。但是，不仅是大型射电望远镜，还是太空中的哈勃望远镜都证实，那六个虚像确实是同一个目标，都是 B1359+154。

爱因斯坦环

在爱因斯坦十字架中，我们可以清楚地辨别四个幻象，但是，有时候，幻象是无法分辨出来的，它们或者有四个，或者有五个，或者更多，都紧紧地围绕在引力透镜周围，几乎连成了个圆圈，就像是引力透镜的呼啦圈那样。但是，这个呼啦圈不是完整的，有的会显得断断续续，虽然如此，我们依然可以看出，引力透镜的周围有一个圆圈。

发生这种情况的时候，透镜天体都是十分明亮，它跟这个断断续续的呼啦圈合在一起，就像是一只眼睛那样。看到这种情况，人们依然没有忘记爱因斯坦，人们把它叫做是爱因斯坦环。

爱因斯坦环并不罕见，这种情况出现的机会很多。从地球望过

八个爱因斯坦环

去，只要目标天体跟透镜天体在同一条直线上，也就是说它们的中心轴重合在一起，透镜天体将会把目标天体的虚像呈现出放射状，看上去也就是一个圆环，于是爱因斯坦环就出现了。

双爱因斯坦环

宇宙中的天体之间又可能会出现各种各样的排列关系，于是，各种各样的引力透镜现象都会出现，当三个天体排列成一条直线的时候，我们会发现，会出现另一种奇特的爱因斯坦环，这就是双爱因斯坦环。

出现这种情况的时候，首先要出现爱因斯坦环，在更靠近我们的地方，还有一个天体，它把这个爱因斯坦环进一步放大，让本来就是虚像的环，再一次造成虚像，于是，我们就会看到，在爱因斯坦环的外侧，还有另一个环，这样就出现了双环。

这种情况出现的概率实在是太小了，目前只发现了一个，这就是2008年发现的 SDSSJ0946+1006，那个最初的目标距离我们110光年，透镜星系距离我们60光年，它产生的环又被一个距离我们20光年的星系进一步放大。目标天体本来就是虚假的，所以外侧的这个环就更加虚假了。

出现这种景观的时候，这三个星系必须满足一个条件，那就是它们需要像糖葫芦那样，排列在一条直线上，而我们地球也位于这条直线上，只能看到最近的能造成第二次虚像的那个星系。

SDSSJ0946+1006双爱因斯坦环

无数幻影

引力透镜带给我们的还远远不仅这些，更多的时候，它让我们看到的是无数幻象，在庞大的星系团 Abell 2218附近，就出现了这样的景象。一个庞大的星系团充当了引力透镜的角色，它实在是太大了，以至于它把遥远宇宙的景象呈现在我们的眼前，远处的目标不是一个，而是很多个，有星系，也有类星体，还有环状星系，星系团引力透镜毫无选择地把它们一股脑全部呈现出来。

在这样的景象里，类星体那一个个的亮点已经引不起人们的兴趣，人们感兴趣的是那一个个的圆弧，它们是更加遥远的星系，

abell 2218圆弧

由于距离太远，变形也就很严重，这些影像被拉长了，形成了一段段的圆弧，或者是几段，或者是几十段，围绕在引力透镜的周围，它们一起组成的图案，就像是射击场上的靶环。

像这样围绕透镜天体形成很多圆弧的景观并不罕见，现在已经发现的大多数引力透镜都可以看到这样的现象，那些圆弧仅仅是被扭曲的星系，倘若是环状星系，它们就会被扭曲成一个个的圆环。

在另一个由星系团CL0024+1654组成的引力透镜中，就出现了一个环状星系。一个远处的环状

LC0024+1654引力透镜

星系在这里被变形，这些变形的圆圈呈现出蔚蓝的颜色，一个个环绕在透镜星系的周围。有些可以清晰地分辨出来，还有些若有若无的也围绕在透镜星系团的周围，如同鬼魂那样不可分辨。

只要透镜天体的质量足够大，只要它们足够遥远，就会出现这种宇宙深空的大杂烩景观，这种大杂烩也是最常见到的一种引力透镜现象。目前已经发现的很多引力透镜都属于这种超大级别的引力透镜。遥远天体也是超大级别的星系团，看上去杂乱无章，也就是一段段的圆弧。

看到185亿光年远

人们很希望，有个引力透镜能够帮助我们看到宇宙更深处，尤其是看到宇宙的边缘。虽然宇宙的年龄是137亿年，但是，距离我们137亿光年的地方，并不是宇宙的边缘，因为宇宙还在膨胀着，我们可以看到比137亿光年更远的地方，如果能实现这个愿望，那一定需要有个在宇宙边缘的引力透镜。

这个目的实现了，科学家通过一个宇宙边缘的引力透镜，看到了185亿光年远的地方。充当引力透镜的天体是一个巨大的星系团，它就在宇宙

Cl 0024+17(ZwCl 0024+1652) **暗物质环**

很远的地方。它让我们看到的是一个黑洞，这个黑洞远在185亿光年的地方，黑洞本身是看不到的，它让我们看到的是黑洞身边的尘埃。黑洞在吞噬物质，这些物质首先进入尘埃盘，通过尘埃盘落向黑洞。

通过这个引力透镜，科学家不仅可以测量出尘埃盘的直径，还可以测量出尘埃盘各部分的温度。最关键的是，它让我们看到了185亿光年远的宇宙。

暗物质环

引力透镜还帮助科学家完成了最重要的工作，它找到了暗物质，宇宙中应该存在着暗物质，它们是看不到的，也不发射电磁波，但是它们会产生引力，造成引力透镜。

2007年，科学家发现了一个引力透镜，只不过这个引力透镜实在是稀奇，它是看不到的，它是暗物质构成的一个环，这个环相当于引力透镜。一个星系团在10亿年至20亿年前曾与另一个星系团发生碰撞并合二为一，它们中的暗物质也在猛烈冲击下聚合并重新分布，在向外扩散的过程中，由于引力作用形

无法分辨的奇幻世界

成了这个环状结构，这个环的直径达到260万光年，构成了引力透镜。

Cl 0024+17是个星系团，在更遥远的地方，距离我们50亿光年，它的光线在经过这个环的时候，发生了折射。产生了好几个影像，这些影像都在中间，看上去很相似。还有几个更遥远的星系也在这幅图片上展示了出来，但是它们变形得很严重，成为一个个的圆弧状。

今后还会有更加奇幻的景象

20世纪90年代，很多天文学家热衷于寻找微引力透镜现象，这是距离我们比较近的小天体形成的现象。他们希望借助这种现象，寻找宇宙中的黑暗物质，还有的天文学家希望能发现恒星的行星，这些努力都没有太大进展，反倒是发现了各式各样的引力透镜现象。

当这种情况发生的时候，透镜天体，还有目标天体，以及我们的地球都处于一条直线上。我们之所以能看到不同的景象，不仅跟三者之间的距离有关，还跟它们之间的质量和方位有关。

不同的条件，会出现不同的奇幻景象，尽管这种景象是奇幻的，尽管这种景象不真实，但是，引力透镜的能力还是远远地大于当代最先进的天文望远镜，它让我们看到了极其遥远的我们不该看到的景观，这一点让天文学家很是兴奋。

随着星空探测技术的发展，今后发现的引力透镜现象，将会向我们展示更加奇幻的宇宙景观，或者让我们更加清楚地看到宇宙边缘的秘密。

09

双脉冲星的前世今生

货真价实的双脉冲星

我们在距离地球2000多光年的地方，我们是一对相依为命的兄弟，我们的电磁波束横扫过深邃的星空，向宇宙宣告我们兄弟间的团结和友爱，我们是双脉冲星。当你听说双脉冲星这个词汇的时候，是否会不以为意？早在1973年，地球上的科学家就已经发现了双脉冲星，它们的名字被称为PSR1913+16，有人对他们进行了研究，还因此获得了1993年的诺贝尔物理学奖。而我们是在2004年才被发现的，我们实在没什么了不起。其实错了，请注意，我们是真正的双脉冲星。

PSR1913+16其实算不上是双脉冲星，在这对组合中，一颗是脉冲星，而另一颗则是中子星，它们称不上是一对兄弟，它们就像是一个人跟一个黑猩猩在一起。而我们是实实在在的同类，两颗实实在在的脉冲星在一起。很可惜，双脉冲星这个名词已经被它们占据了，我们却得不到相应的名字。虽然它们这种一真一假的双脉冲

脉冲星的自转轴与磁轴并不重合

星出现了一百多对，而我们这种真正的双脉冲星却只有我们一对，我们是货真价实的双脉冲星。

我们兄弟的名字叫做 PSRJ0737-3039A/B，这只是天文学意义上的编号，PSR 三个字母告诉人们我们是脉冲星，后面的两组数字告诉人们我们在天空的坐标，也就是赤纬度和赤经度。最后面的A/B 告诉人们我们是双星，A 是我，B 就是我的兄弟。其实我们的个头和质量都相差无几，如果把太阳的质量当作是1的话，那么我的质量是1.337个太阳质量，B 的质量为1.251个太阳质量。并不是我的质量大，就被当作是兄长，完全是因为我首先出现在天文学家的射电望远镜里，只有射电望远镜才能接收到我们的信号。

2003年4月我被发现，我的脉冲周期是22毫秒，科学家以为我只是单身一人，但是他们错了，他们发现我的脉冲周期会发生变化。我的周期不准时让他们很快认为我是双星，他们以为我是像PSR1913+16一样的双脉冲星，一颗脉冲星跟一颗中子星在一起，这是一个很完美的结果，也很符合天文演化的规律。于是这一结果

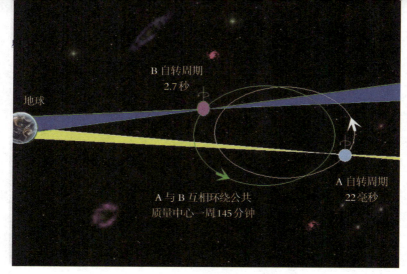

B 自转周期
2.7秒

地球

A 与 B 互相环绕公共
质量中心一周145分钟

A 自转周期
22毫秒

双脉冲星 J0737-3039 示意图

出现在2003年的学术刊物上，但是这种想法是错误的。

发现公布之后，引来了很多的观测者，美国的绿岸和澳大利亚的帕克斯射电望远镜都投入到对我的观测。一个月之后，我的兄弟B也被发现了。证据显示，我的同伴并不是一般的中子星，而是像我一样，也是一颗能发射脉冲辐射的中子星，也就是脉冲星。从此，天文发现史上的第一对真正的双脉冲星出现了，这就是我们兄弟俩。

化蛹成蝶的艰难道路

我们的出现大大出乎人们的意料，不符合正常的天体演化规律。我们的前世并不是脉冲星，我们都是其他的恒星，经过了两次大灾难，才能出现我们兄弟俩。而一次大灾难，足以毁掉其中一个，两次大灾难，我们兄弟俩都能保留在原地，这实在是一种奇迹。

一般来说，我们的前世就是一颗恒星，但是已经走到了恒星的老年，像太阳那样的恒星是个富翁，有着无穷的氢元素，足够一直不停地燃烧下去，而我们的氢元素已经燃烧完了，不能继续发光。

要想继续生存下去，只能来一次决定性的革命，那就是一次猛烈的喷发，于是，超新星爆发就是我们自己改变自己的方式，我们把外层物质抛射出去，只留下一个核心，这个核心异常致密，一个手指头那么大的一小块，也会达到上亿吨的质量。所以我们的体型也就非常小，总的质量跟太阳差不多，而个头只有十几千米那么大。从此我们有了一个新的名字，就叫做中子星。

中子星的密度极大，磁场也极其强烈，如果能向外界发射出电磁波束，就是脉冲星，但是请注意，并不是中子星都是脉冲星，只有发射出来电磁波信号的才是脉冲星。

我们本来是一对双兄弟，当我爆发的时候，那猛烈的气浪足以把我兄弟推开，但它居然还在我的身边，这就让天文学家十分困惑，他们不明白我爆发的时候为什么没有能把它驱赶走。

按照传统的观点，我兄弟的质量较小，它需要更多的时间来演化，所以它的爆发应该在我之后，在它爆发之前，首先会膨胀成为一颗红巨星，体积非常巨大。这对它来说是个危险的事情，危险的原因是因为我的存在，我会把兄弟的物质吸收过来，首先，红巨星上飞出来的物质，并不会直接流向我，这些物质会围绕着我运行，随着更多的红巨星物质流出来，会在我身边形成一个吸积盘，吸积盘就像是一个大圆盘，这个大圆盘一圈又一圈，呈现一个螺旋线的形状，环绕着我的周围缓慢地旋转。最终会落到我的身上，也就是被我吞噬。

我对兄弟的行为也许有点残忍，但是，这是宇宙的法则，这其实是我在帮助它度过一个特别的时期，让它顺利地完成了大爆发，演化成一颗脉冲星。一般认为，它的爆发也会非常激烈，它会把我推开，但是并没有这样，它的爆发相当温和。这是一个奇迹，这是一个很偶然的现象，所以科学家对发现两颗在一起的脉冲星很好奇。

我和我的兄弟就是这样，就像经过了茧蛹破开，演化成蝴蝶那样，经过了一般恒星的老龄阶段，再经过两次大爆发，顺利地双双演化成脉冲星。

两个文明天文学家的困惑

我的脉冲电磁波就像是一个灯塔那样向外界发射，凡是被我扫过的地方，那里的人们都会接收到电磁波。我的兄弟也跟我一样，把它的电磁波束扫过广漠的宇宙，我的自转周期是0.022秒，而B的自转周期是2.7秒，我比它转得快多了。我们是一对双灯塔，向宇宙证明我们的兄弟之情。

我们肩并肩地站着，在我们之间，是共同的引力中心，我们就绕着共同的引力中心运转，远远看上去，就像我们在手拉着手跳舞那样。

地球上的天文学家很幸运，他们跟我们处于同一个平面，这样他们就可以看到我们兄弟俩互相绕转的过程，他们时而可以看到我一个（那是因为我遮住了我兄弟），时而可以看到我们兄弟两个。

但是，地球上的天文学家也是不幸的。他们在2004年发现了我们，5 年之后，再也没有观测到 B 的电磁波，B 的电磁脉冲信号从此消失了。但是他们并没有惊慌失措，他们知道，这是由于进动造成的。

澳大利亚帕克斯射电望远镜

把一个陀螺放在光滑的冰面上，用鞭子抽它，陀螺就转动起来。陀螺的自转轴不停地指向天空中不同的方向，看起来，陀螺就像一个不倒翁那样摇摇晃晃，这就是进动。当发生进动的时候，B 那本来对准地球的电磁波也就偏离了方向，不再指向地球，于是，B 的信号就不能被地球科学家观测到了。

真是风水轮流转，如果在另一个方向，也就是在地球北极或者南极之上的太空中，有一个星球上的天文学家也在研究我们，他们首先发现了我，随着 B 射电信号的方向发生改变，B 的信号也能够被他们接收到了。于是，他们就可以宣布，他们发现了一对双脉冲星。

至于 B 的波束什么时候才能再一次扫过地球，地球科学家依据仅仅观测 5 年的资料，还是无法作出预测的。

爱因斯坦很兴奋

爱因斯坦提出了相对论，长期以来，没办法证明，后来发现水星的轨道进动正好验证了相对论。而我们兄弟两个在一起，会使广义相对论效应发生得更加明显，水星的轨道进动 300 万年才能完成一个周期，而我们兄弟的进动 21.3 年就可以完成一个周期，于是，科学家知道，他们找到了一个检验相对论最好的试验场所。

当我们与地球都处于一条直线上的时候，地球上的人们就会发现，一个挡住了另一个的光芒，比如说我在二者之间的时候，人们只能看到我，B 的电磁信号被挡住了。这时候会发生很特别的事情，B 的信号也会传到地球上去，但是它要首先从我的身边经过，我的强大引力会把 B 的信号改变，于是，地球科学家就发现，B 的信号来到的时间比预计的晚了一些。这种情况已经被观察到，这一额外的路程让信号迟到了 100 微秒。

这就证明我把自己周围的空间搞得弯曲了，B 的电磁波束到达地球的时候多走了一段路。所以我们也就因此验证了相对论。如果爱因斯坦知道这个消息，他一定会很高兴。还有让爱因斯坦更高兴的地方，我们从另外一个方面也验证了他的相对论，我还可以让周围的时间稍稍变慢。

当把一个极其准确的钟表带到高速度运行的飞机上的时候，钟表的时间速度会变慢，但是，由于飞机的速度太慢，钟表的时间只是减慢几纳秒，如果在我们这里的话，钟表的速度将会大幅度减慢，通过一系列实验，可以得出结论，如果一个钟表在我们这里，时间会减慢 386 微秒。1 纳秒等于 1000 微秒，也就是比在飞机上慢了 300 多万倍。这么明显的结果足以让爱因斯坦乐坏了，他的相对论得到了最明显的证明。其实，我们最后的归宿还会让爱因斯坦乐得发疯。

双脉冲星最后的归宿

我们在相互绕转的时候，需要的时间是很短的，我们跑一圈的时间只需要短短的145分钟，而地球绕太阳一圈需要的时间是一年，二者相差多么巨大。我们两者之间的距离也近得很，达到了90万千米，仅仅比地球与月球的距离大2倍，这么近的距离是很危险的。

我们之间的距离每天都在减小，这完全是因为我们的高密度，高密度的天体，引力也会很大，两个引力巨大的天体在一起，其结果只能是一步步地向对方靠近。我们每天向对方靠近的距离是7.42毫米。这是一个很微小的数据，但是让我想起来就害怕，照这样下去，8500万年之后，我们兄弟将会相撞。那是一个猛烈的过程，那也是我们兄弟的死亡之期。

我们的死亡之期将会产生很强烈的引力波，引力波也是爱因斯坦相对论的内容之一，一般能测量得到的引力波都很小，但是，我们产生的引力波将会非常强烈，天文学家很兴奋地谈论我们的死亡之期，还是为了验证相对论。所以，不仅是我，还有我的兄弟，都觉得爱因斯坦这个老头很可恶。

脉冲双星最后的结局

10

热木星的死亡
螺旋舞步

热木星的地狱炼烤

我住在船底座，在地球南方的天空，有颗恒星的名字被编号为 OGLE－TR－113，这样的编号告诉人们多个信息，首先，TR 告诉人们这是通过凌星现象发现的，其次 OGLE 表示是通过光学引力透镜现象发现的，这都是利用另一个天体的阴影找到隐含天体的方法。要找到的就是我，我是一颗行星，所以，我的名字也就叫做 OGLE－TR－113B。一般来说，儿子随父亲的姓氏，父亲的名字叫做 113，我也就得了一个名字叫做船底座 113B，这就是我目前的名字，这里距离地球有 1800 光年。

我是一颗行星，但是却是一种特别的行星，名字叫做热木星，之所以有这么一类称呼，是说我们是行星，而且是太阳系之外的行星，但是我们是一类特别的行星，首先我们的个头很大，就像太阳系的木星那样，有着庞大的身躯。木星是一个气体星球，是个虚胖子，当然我们也就是这个样子，也就是一大团气体组成的行星，我

的质量是木星的1.3倍。

在我的名字前面加一个热字，是因为我们的温度很高，因为我们距离恒星实在是太近了，就像站在一个大火炉的旁边，地狱般的高温炙烤让我们具有上千摄氏度的高温，我们在地狱里受尽了苦难。

苦难的热木星是1995年才开始出现在公众面前的，那时候，瑞士的一位天文学家发现了一颗太阳系以外的行星，这是在太阳系以外第一个被发现的行星，这颗行星就是热木星，它距离恒星只有800千米，环绕着飞马座51恒星运转。

那时候人们仿佛看到了第一个地外家园那么高兴，但是一部分天文学家却开始了思索，他们在思索为什么这颗庞大无比的行星能够生活在距离恒星这么近的地方？

随着越来越多的太阳系以外行星的发现，出现了一个共同的特点，这些行星都是热木星，它们都是我们家族的成员，当我出现的时候，使得科学家可以好好研究一番，因为我正好可以出现在恒星的前面，从地球上可以轻易地看到我从恒星的面前经过，这样就可以对我进行更细致的观察，研究我为什么会出现在距离恒星这么近的地方。

乱世的暂时安身之地

我所依靠的恒星是一颗跟太阳差不多的恒星，太阳系距离太阳最近的是水星，水星距离太阳5790万千米，而我距离恒星船底座113只有340万千米。这么近的距离使得我表面的温度高得离谱，即使是大气层，也会达到上千摄氏度的高温，一张纸放在我的脸上，都会燃烧起来。

其实我也不想在距离恒星这么近的地方，说起来这是出生的时候造成的后果，在我形成的时候，也许有跟我差不多大小的另一颗行星，也就是我的兄弟，它在我的身边形成，那时候我们一起吞噬周围的星际尘埃，吞噬这些星际尘埃可以使我们逐渐长大，谁都想多吞噬一些，让自己长得更强壮。于是我与这个兄弟之间产生了摩擦，摩擦的结果，或者是我把他推出了这个恒星系，或者是他把我驱赶得离开了原来的位置，向着恒星系的内部靠近，于是我就走到了距离恒星这么近的地方，在这里我找到了一种暂时的平衡。

还有另一种可能，在恒星113的周围出现了一些新生成的尘埃盘，那其实就是我的食物，我不能拒绝食物的诱惑，于是向那里靠近，在那里我越来越大。

不管是哪一种可能，那都是在很久以前发生的事情，我还实在太小，不记得这些事情了，总之，我在环绕恒星运动的过程中，找到了一种平衡。这种平衡让我在很短的时间内，环绕恒星一圈，这个周期是34小时20分钟，地球环绕太阳运行一圈是365天，也就是一年，而我这里的一年仅仅是34小时20分钟。

如果我能够一直以这样的速度围绕着恒星运行的话，那就是稳定的状态，但是，事实上并不是这样，我不甘心这样一直受到恒星的炙烤，试图作一些改变当前状况的尝试。但是，我的选择不仅不能改变这一切，反而使问题更加严重。

死亡螺旋舞步

我想去距离恒星更远的地方，那里会凉快一些，但是，实际上我却在不断地向恒星靠近。这要从公转周期说起。

我本来环绕恒星一圈的时间是34小时20分钟，但是现在这个公转周期正在慢慢减小，每年减少60毫秒，一秒等于1000毫秒，这是一个太小的概念，这样的速度减慢实在是微不足道，但是，累计起来就十分可观。当经历了180万年之后，我环绕恒星一圈的时间将会减小到10.8小时，那个时候，也就是我的死亡之期。

我的尝试改变居然会导致这种结果，这也许是在我的身边还有其他的天体干扰了我的努力，总之，我也说不清为什么会出现这样的结果。尽管我十分害怕，但我还是无法避免那个最后时刻的来临，180万年之后的那个死亡之期是一定会来的，但那是一个似乎带着浪漫色彩的死亡。

我在环绕恒星船底座113的轨道上绕着大圆圈，这个大圆圈的半径是340万千米，随着速度的加快，我就越来越要向着恒星靠近。距离恒星越来越近，环绕轨道的大圆圈也就越来越小，就像是一个螺旋式样的大圆圈，这就是我走向死亡的脚步。

在这个螺旋式的脚步中，速度也越来越快，它就是我临终前最后的脚步，走得越来越疯狂，当距离恒星达到一定距离的时候，灾难就会出现了。

恒星的引力会把我的身体撕裂，这些撕裂的碎块还会进一步迈着螺旋舞步向着恒星靠近，直到一头撞上船底座113，最终，我所有的物质完全被它吞噬，进入恒星的身体里，这时候也就是我生命的终点，我也就死亡了！

行星眼里的家庭暴力

父母双全的恒星

我是一颗行星，2009年年末才进入到天文学家的视野，是天文学家发现四百多颗行星之后的发现。这样的出场本来平淡无奇，但是，我却是一颗特别的行星，一个不是由寻找日外行星的天文学家发现的行星，而是由一些研究双星的中国天文学家发现的行星。他们本来的目的是要研究双星，却阴差阳错地发现了我，所以我是研究双星产生出来的副产品。

我并没有什么特别的地方，值得大书特书的是我们的家庭。我们居住在室女座，距离地球157光年，我的父母名字合在一起叫做室女座 QS，因为它们是双星，一般望远镜都无法把它们分开。

我的父亲是一颗白矮星，正像这个名字告诉你的那样，它的颜色是白色的，白色的原因是因为它的温度太高了，白色的温度至少有七八千摄氏度，但是请不要误会，这并不能表明它就是一个热量的富翁，事实正好相反，它已经是穷光蛋，它已经把所有能够燃烧的化学元素都燃烧过了，什么也没有剩下来，再也没有什么东西可以烧了，仅仅是表面的温度高而已，它用这种可笑的方式来维持着它的尊严。

但是，白矮星却不能小看，它的密度很大，用这种物质制作一枚硬币的话，就是起重机也难以把它吊起来。白矮星的密度高，它也因此具有极其强大的引力，可以把身边的物质都吸引到自己身边。如果你对什么人感到仇恨，就会说要枪毙它，其实这是一种很没有品位的说法，你不如说把它送上白矮星，白矮星的引力会改变一切物质的形态，瞬间就把它的骨骼压碎，那可以说是一种无法想象的残酷刑罚。密度大仅仅是密度大，总的质量还是很小的，它们的质量跟太阳差不多，其体积远远赶不上地球。

至于我的母亲，跟父亲也有着相似的地方，那就是它们都是矮星家族，也就是老年的恒星，一般的成员个子都不大，光度都不高，母亲是一颗红矮星，发出的光芒也暗淡得多。

一般的行星只能在一颗恒星的身边运行，还有的情况是很多颗行星围绕着一颗恒星。但是我就是这么特别，一颗行星却围绕着两颗恒星运行。我不知道我是什么时候出生的，我常常想，有一种可能，我不是它们亲生的，而是从别的地方被它们收养的，这种可能性很大。但不管怎么样，我们组成了一个家庭，一个还算完美的家庭。

作为一颗行星，如果在这里有人类的话，它会看到很浪漫的景象，天上有两颗太阳，一颗呈现红色，那就是红矮星，一颗呈现白色，那就是白矮星。但是，我这里是不可能有生命存在的，因为这里是个危险的地方，这还要从我们这个家庭说起。

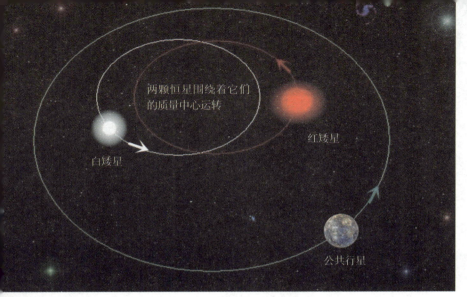

室女座 QS 双恒星有一颗行星

家庭存在暴力

白矮星和红矮星并不是站在一起，它们围绕着公共的引力中心在运转，当时钟跑过 3 小时 37 分钟，它们就会绕转一圈。而我在距离它们 4.2 个天文单位的地方看着它们，这个距离相当于 4.2 个地球与太阳的距离。当然我也不是简单地看着它们，而是围绕着它们俩运转。每 7.9 年，我就会运行一圈。

一切都是那么美好和谐，但是，这只是暂时的现象，不和谐的因素正在一天天地积累，终有一天，矛盾会爆发，这个家庭会产生暴力，原因还得从父亲白矮星说起。

本来，它们之间围绕着公共的引力中心在运行，彼此绕转，就像在跳交谊舞，双方之间保持着一定的距离。它们之间的距离是 84 万千米，这仅仅比地球到月球的距离多一倍。这其实是一种危险的行为，它们不该靠得这么近。更可怕的是，它们各自的轨道都在逐渐缩小，它们之间的距离也在进一步靠近。它们这样相互靠近就是

行星眼里的双恒星

最危险的事情，我知道那一天最终一定会到来。

　　终于有一天，白矮星开始施展了它的暴力，红矮星上会鼓起一个大包，那一大包物质会飞出来，流向白矮星。于是，漫长的吞噬开始了，父亲会把母亲一点点地吞噬掉。首先，从红矮星上飞出来的物质，并不会直接流向白矮星，它们会围绕着白矮星运行，随着更多的红矮星物质流出来，会在白矮星的身边形成一个吸积盘，吸积盘就像是一个大圆盘，这个大圆盘一圈又一圈，呈现一个螺旋线的形状，环绕着白矮星的周围缓慢地旋转。

　　终于，螺旋线最靠近白矮星的地方，也就是最先被吸收出来的物质，开始向白矮星坠落，进入白矮星的身体，成为它的一部分，然后就一发不可收拾。那些螺旋线就是一个吸管，通过这个吸管，母亲的身体一点点地流向父亲。更残忍的事情还在后面，白矮星不仅吞噬红矮星，还要向整个宇宙宣布它的暴行。那些流进白矮星的物质，并不是全部被它吸收，还有大概百分之十，成为一个喷流，

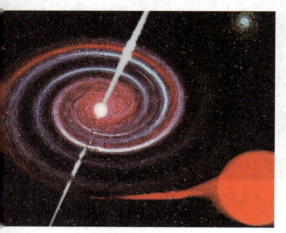

白矮星吞噬红巨星

从白矮星的两极向外猛烈地喷发出来。

那些被喷出来的物质具有极高的速度，延绵好几光年的长度，就像一根棍子穿过白矮星，再加上白矮星周围的吸积盘，远远看上去，就像是一个飞快地旋转的陀螺。最终，红矮星会完全消失，被白矮星吞噬掉。

我不知道为什么父亲会采取这么特别的方式把母亲吞噬掉，但我知道，那是引力波、角动量、电磁原理等一系列原因造成的，那是宇宙的法则，这几个因素构成它们之间的恩恩怨怨。

我曾经思考，父亲把少许物质喷射到宇宙中去，究竟要表明什么呢，是向宇宙炫耀它的能力，还是想告诉人家，它没有把母亲完全吞噬掉，它还有一点怜悯之情。

家庭暴力的另一种方式

我们家庭里的暴力也许会有另一种版本，这还得从父亲的家族基因说起。

白矮星的前世就注定了它今天的脾气，在很久以前，白矮星原来是一个像太阳一样的恒星，拥有数不完的财富，那财富就是它的能量，它时刻在燃烧着氢原子，当氢原子燃烧完了之后，它又燃烧氦原子，当氦原子燃烧完了之后，它又燃烧碳原子。当这一切财富都被它花费完了之后，它还要进行最后一次疯狂的消费。此刻它就成为暴虐的红巨星，很不稳定，产生了一次大爆炸，大爆炸需要花费巨大的能量，白矮星就在大爆炸中形成了。

今天的白矮星还是继承了红巨星的基因，它喜欢挥霍，用大爆发这种形式显示它的富有。当它从红矮星身上吸收到足够的物质之后，它又开始变得挥霍无度，于是，另一次大爆发又形成了，这就是新星爆发。发生的时候，周围的一切都笼罩在爆发的光辉中，然后，光芒越来越暗淡，最后一切都恢复了平静。

对于氢元素，红矮星也是一个穷人，没有更多，倘若它有更多的物质，白矮星还会再一次向它索取，然后引起再一次的爆发。父亲家族的基因就注定了它总是千方百计地索取财富，然后用大爆发那种方式挥霍掉。

白矮星产生的新星爆发成为家庭暴力的另一种版本，父亲爆发的那个时刻一定很壮丽，我很想看到那个时刻，并不是我对它的仇恨，正相反，是我对这个家庭的爱，因为爆发之后，父亲还是父亲，一颗白矮

白矮星吞噬红矮星

星，不会受到什么损害，母亲也还是母亲，只是它被父亲夺去了一些物质而已。所以我们这个家庭还是完好的，只不过一家三口经历了这样一场大劫难之后，都需要重新安排自己的位置，各自的轨道位置都会重新作出一些调整。

我会成为行星孤儿

虽然现在我们这个家庭还维持着平静的现状，但是我知道，引力造成的恩恩怨怨一定会引发白矮星能够吞噬红矮星的过程，对于这一切，我无能为力，只能默默地看着父亲对母亲的暴行。因为，这就是宇宙的法则，宇宙早就安排好了这一切。

红矮星被吞噬之后，我也没有什么好果子吃，或者说我会跟母亲有同样的命运，白矮星在吞噬红矮星的时候，也许狂性大发，连我也一起吞噬掉，这种可能性应该是很大的。我的质量仅是木星的6.4倍，这一点对我很不利，远远抵制不了白矮星的引力，更何况它是在发狂的时候。但是我不惧怕，人类有生死，宇宙星球也有生死。

如果白矮星没有把母亲吞噬，仅仅导致了白矮星的一次大爆发，我也不感到高兴，因为我知道，贪婪的父亲迟早也会把我吞噬掉。

我没有办法摆脱父亲的控制，我逃离这个家庭的机会只能是在白矮星大爆发的时候，那时候父亲的全部精力都在向整个宇宙炫耀它的财富，也就是它的能量，光芒会在几秒钟内增加到一个星系的亮度，同时，狂暴的粒子热气流向四周喷发。于是，我就随着那狂暴的气流挣脱了它的控制。我也就离开了这个伤心之地，从此成为一个孤儿，到宇宙深处去流浪。

12

一家四口的恒星家庭

幸福的一家四口

宇宙中有很多恒星，用肉眼能看到的几乎全都是恒星，他们绝大多数都是单身汉，孤零零地一个在那里发光。宇宙中也有很多恒星不是单身汉，它们子女满堂，它们不仅有行星，甚至可以有很多颗行星，组成一个大家庭。有的行星甚至有卫星，像太阳系的木星家族就是这样。像太阳这样儿孙满堂的，在恒星家族中也是很正常的现象。

但是，这些常识性的规则在我们家庭里却失效了，我们是一个极其特殊的恒星家庭，在我们这个家庭中，不仅有一个恒星母亲，还有一个恒星父亲，另外还有两个行星儿子，这是一个四口之家。在人类的家庭中，四口之家是很正常的，但是，在恒星的家庭中，却是奇闻。

NN Serpentis

我们家住在巨蛇座，距离地球1670光年，名字叫做 NN Serpentis，这只是我们家庭的名字，NN Serpentis a 和 NN Serpentis b 就是我们的父母，NN Serpentis a 是红矮星，也就是我们的母亲，NN Serpentis b 是白矮星，也就是我们的父亲，至于我们兄弟俩，并不是因为我们是小孩就没有名字，我们也有自己的名字，NN Serpentis c 就是我，我的兄弟名叫 NN Serpentis d，这样的名字看起来似乎很不合适，似乎我们与长辈属于同一个辈分，但这并不影响我们家庭的关系。

我们兄弟俩都有各自的轨道，距离恒星有远有近。我距离父母有3个天文单位，地球与太阳的距离被称为1个天文单位，我距离父母相当于这个距离的三倍。至于我的兄弟，它离父母远了一点，它距离父母的距离有5.51个天文单位，我们一近一远，都在时刻不停地环绕着我们父母运行，就像是一对很听话的孩子。

一般的行星只能在一颗恒星的身边运行，但是我们就是这么特别，是两颗行星围绕着两颗恒星运行。我们的父母相互靠得很近，可以把它们看作是一颗恒星，我们围绕着它们俩运行，也只有这样我们家族才能平安地存在。

是父亲生的还是母亲生的

我们的父亲是一颗白矮星，正像这个名字告诉你的那样，它的颜色是白色的，白色的原因是因为它的温度太高了，白色的温度至少有四万多摄氏度，远远超越太阳表面的七八千摄氏度。白矮星不仅温度出奇得高，它的密度也出奇得大，它们的质量跟太阳差不多，其体积远远赶不上地球。

父亲是恒星家族的小矮人，母亲也是恒星家族中的小矮人，它们都是矮星家族，母亲是颗红矮星，因为温度低，发出的光芒也暗淡得多。

毫无疑问，我们的父母是一对双星，作为双星，就要按照双星世界的基本规则存在，事实就是这样，父亲和母亲在一起，并不是谁围绕着谁运行，而是它们围绕着共同的引力中心在运行。

这是一个看起来很完美的家庭，但它却并不完美，问题在父亲

NN Serpentis 行星上的世界

和母亲靠得很近，这是很不合适的，它们属于密近双星，密近双星都是不稳定的，一颗白矮星和一颗红矮星在一起，就更不稳定，它们往往被称为激变变星，它们是一对不和谐的夫妻。相距太近会导致这个家庭的崩溃。

对于这么一个特别的家庭，我们兄弟俩有无数的疑问：谁是这个家庭的创建者，是父亲把母亲吸引来，还是母亲把父亲吸引来，实在是个困难的问题。

我们是从哪里来的？这个问题也同样存在于我们兄弟的脑海中，我们更倾向于认为，我们既不是父亲生的，也不是母亲生的，更不是它们俩生的，我们兄弟俩是这个家庭的外来户。

在宇宙中，有一些行星，不从属于任何一颗恒星，它们在宇宙中孤独地存在着，是一些流浪的行星。宇宙中有单独存在的行星，这个观点有些骇人听闻，但是，近十几年的天文观测证实，确实有这种不依靠恒星而单独存在的行星。它们是一些个头巨大的类木行星，在宇宙中四处漂泊，就像是孤儿那样四处流浪。我们兄弟俩都是这样的流浪孤儿，在流浪到这里的时候，被它们强大的引力吸引住了，是它们收留了我们，于是，这里有了一个四口之家。

上帝打台球

火焰因为温度的不同，会呈现出不同的颜色，一般来说，白色的温度最高，白矮星就是白色的，红色的温度最低，我们的母亲红矮星的温度只有两三千摄氏度，它的颜色是红色的。于是，我们家族就有一红一白两个成员。

至于我们兄弟是什么颜色的，这说起来很复杂，有可能，我们跟木星一样是黄色的，或者是其他颜色，更有可能是谁也说不清的花斑色，于是，这样的一个家庭的四个成员，至少会出现三种颜色，这很像是台球游戏中的斯诺克打法。

从远远的宇宙深处望过来，我们一家四口就像是一副斯诺克台球。你也许说"恒星与行星的个头相差甚大，这种说法不合适。"其实很合适，因为我们的父母都姓矮，是恒星家族中的小个子，而我们兄弟，则是类木行星——都是行星家族中的巨无霸，所以我们一家老少的个头基本上没有什么差距。至于是谁在打台球？那只能说是上帝了，是上帝在打斯诺克台球。

13

柱一的光影魔术表演

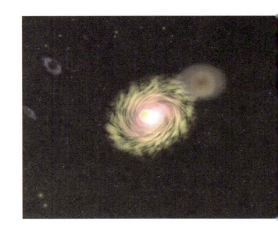

天空中周期最长的光影魔术表演

在御夫座，有一颗比较亮的恒星，中国的名字叫做柱一，柱一是一颗奇怪的恒星。1821年，一位德国的牧师天文爱好者发现，柱一的亮度下降了一等，这本来是很普遍的现象，在恒星世界中，很多恒星都会发生光度的改变，光度改变的时间不会太长，也就是几天的时间。但是，柱一的亮度下降很不正常，它的亮度在长达一年多的时间内，一直都很暗，一年之后，它才开始转亮。那时候，天文学家们把那些发生光度变化的恒星称作变星，究竟为什么会发生改变，他们并不清楚。

1848年柱一发生了一次变暗，1876年，柱一再一次发生变暗，天文学家开始认识到，柱一每隔27.1年会发生一次这样的变暗过程，这个周期实在是难以想象得长，于是，它引起了很多天文学家的关注。

这个时候，望远镜技术也得到了提高，人们开始发现，天空中的很多恒星其实并不是单一的恒星，它们就像是夫妻那样，成双成对地在一起，只不过我们的肉眼很难把它们区分开来。于是，双星的理论也出现了。科学家认为，这样的双星距离很近，相互围绕着对方运转，当甲恒星运行到乙的前面的时候，就会遮住乙的光芒，这时候，我们看到的光芒就会减弱。

恒星的光芒一般很黯淡，这些遥远的现象我们不容易看到，但是我们可以很容易地看到地球上的这种景象，当月球遮住了太阳的时候，大地一片黑暗，这种现象就是日全食，在天文学上称为食变，它是天体之间的光影魔术表演。

天空中的双星很多，发生食变就像是家常便饭，天文学家也懒得多看它们一眼。但是，柱一却有着非同寻常的待遇，从1821年开始，天文学家一直在关注着柱一，越关注，他们也就越迷惑。科学家试图为这种周期性的变化找到一种理论上的解释。

柱一是吃人者还是被吃者

科学家认为，柱一并不是一颗星，而是双星，另一颗是一颗暗淡的星，因为发生食变才使光芒减弱。但问题是，一般双星的食变时间只有几天，而柱一的食变时间实在是太长了，这个时间长达两年，这意味着有一个极其庞大的家伙从柱一的身边经过，需要两年的时间才能完全走过去。

更不可思议的是，这个庞大的家伙一直都没有露面，虽然天文望远镜已经非常先进，却也还是找不到这个庞大伙伴的其他蛛丝马迹。这让天文学家想起了黑洞，黑洞就是看不到的天体，拥有很小的身材，质量却庞大得很。

如果这样认为，解释就很顺利了，科学家认为，柱一的伴星是个黑洞，贪婪的黑洞不停地吸收柱一的物质，但是，这些被吸收的物质并不能被黑洞一下子吞噬掉，而是围绕在黑洞的身边，形成一个巨大的圆环。体型较小的黑洞戴着这个巨大的圆环与柱一相互绕转，当它运行到柱一前面的时候，圆环将会遮住柱一的光芒，这时候就会发生食变。

关于柱一的食变，还有另一种截然相反的说法，这种说法认

柱一食变想象图

为，是明亮的柱一在吞噬黑暗的天体，黑暗的天体并不是黑洞，它原来是明亮的恒星，但是，它已经走到了岁月的尽头，在一次大爆发之后，只留下一堆残骸，这个残骸是看不见的，而那些昔日爆发的物质却被这个残骸吸引，成为它的一个圆环，这样它的体积就会增大无数倍。当它从柱一的身边经过的时候，圆环就挡住了柱一的光芒。

相对于柱一来说，这颗已经分崩离析的伴星实在是最好的食物，柱一会从它的圆环中吸收物质。这两种说法，一个说柱一是吃人者，一个说柱一是被吃者，不管怎么说，都认为有一个巨大无比的圆环在其中起作用，是圆环遮挡住了柱一的光芒。

柱一新一轮的表演

不管是柱一吞噬它的同伴，还是它的同伴在吞噬它，这种说法在实际的观测中，都遇到了很多麻烦。比如，它们究竟谁大谁小，至今科学家还搞不清楚，而这恰恰是最关键的问题，只有大个子才能吞吃小个子。

更让人困惑的是，柱一的食变周期也并不是那么严格，1903年的观测表明，它会花费6个月的时间缓慢变暗，在最暗的时候停留一年，然后再花费6个月的时间缓慢回升，等它达到原来最亮的程度，这个长达两年的光影魔术也就结束了。

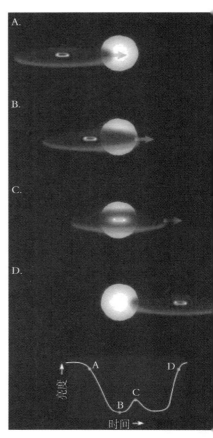

但是在此后的多次食变过程中，实测结果表明，它的食变时间并不是那么严格，比如在1955年开始的那次食变中，变暗和增亮时间是4个多月，同时，它的最暗淡的时间也增加到13个月。在1982年开始的食变中，它的暗淡时间是15个月，而增亮时间只持续了2个月。柱一如此的反复无常，它的光影魔术就是那么神奇。

2009年12月，柱一的光影魔术又开始了，天文学家的观测工具已经获得了巨大的进步，最好的观测设备都对准了柱一，他们期望有新的发现，能揭穿这个魔术师表演的秘密。至于天文爱好者，他们只能凑热闹，把自己的望远镜对准了

柱一的光度变化

柱一，欣赏天空中最长的光影魔术表演。

2010年4月，美国天文学家使用望远镜干涉技术，拍摄了柱一的光影照片，结合这些照片，他们得出了初步结论，他们认为，这是一个双星系统，柱一的质量相当于太阳的3.5倍，另一颗恒星的质量较小，但是却带着一个尘埃盘，这个尘埃盘是半透明的，所以它挡住柱一的时候，仍然可以看到柱一，只不过光线暗淡了一些。也有更多的科学家认为，看不到的伴星也就是带有尘埃盘的恒星，也许质量更大一些。

可以预计，有关柱一的光影魔术表演，还将继续吸引天文学家和天文爱好者的目光，下一次更仔细地观测研究，就等2036年吧。

14

戴珍珠项链的超新星

一个明星诞生了

　　南半球的星空中有一个大星云，叫麦哲伦星云，距离我们有17万光年，是距离地球最近的星系之一，虽然它十分显眼，也依然无法引起人们的关注。但是，20多年前，那个位置却发生了一件十分重要的事情。1987年2月23日，对于天文学家来说，这是一个非常值得纪念的日子。这一天，他们发现了一颗超新星，这颗超新星就出现在大麦哲伦星云。

　　最先向天文学家传递这个信息的不是地面上的光学望远镜，也不是太空中的望远镜，而是来自地下的中微子探测器。它们深埋在地下，在13秒钟的时间内，它们的水箱探测到了20次闪光，这是具有重要意义的闪光，它告诉我们，一颗恒星死亡了。于是，天文学家立刻找到了这颗死亡的恒星，它就是超新星1987A。

　　超新星1987A在爆发的短短几个月里，释放出超过了一亿个太阳的能量，这使它拥有极为壮观的外形，这不是一颗一般的超

25年后的1987A

新星，它是400多年来最亮的一颗。它出现在美国《时代》杂志的封面上，它成了当年最惹人注目的天体。

爆发的超新星

超新星就是爆发了的恒星，它是一颗恒星生命的结束，要想知道超新星是怎样产生的，我们得了解恒星是如何形成的。

用望远镜观看星空的时候，会发现一个个亮点，它们看起来十分模糊，不像是恒星，其实这些模糊的斑点是星云，也就是一些气体，主要是尘埃。它们就是形成恒星的基本原料，我们的太阳就是由这样的尘埃形成的。

这些气体组成的星云并不是静止不动的，它们在默默地旋转，旋转的同时，中心的物质密度越来越大，随着密度的增加，它的温度也会越来越高，于是，它就开始了燃烧。这样的燃烧使用的原料不是木材，也不是煤炭，它们使用的原料是氢元素，因为氢元素是宇宙中最丰富的化学元素。燃烧的过程中，一方面产生出来热量，另一方面还产生出来另一种化学元素，那就是氦元素。一般来说，一颗恒星会花掉它大半生的精力去将氢转变成氦。家庭烧煤的时候，产生出来的炭渣就是废料，但是在恒星发光的过程中，产生出来的氦元素并不是燃烧产生出来的废料，当氢元素被烧完的时候，这些氦元素就像没有完全燃烧的煤渣一样，还可以继续燃烧。

氢元素是宇宙中最轻的元素，氦元素比它稍微重一些，氢元素的燃烧会产生氦，氦元素的燃烧还会产生出来更重的元素，更重的元素还会进行下一次的燃烧。恒星的生命就是这样一步步地继续下去。但是，就像地球生命一样，恒星的生命也会有一个结束，当燃烧的物质变成了铁元素的时候，恒星的生命也就走到了终点，等待它的是一场大爆炸，这就是超新星爆发。

超新星在发生爆发的时候，恒星的外层物质会猛烈地向外抛射，这些抛射出来的物质横扫过广漠的虚空，向着四面八方扩展，与此同时，它也会释放出巨大的能量，让这颗恒星一下子变得非常亮，亮得让我们难以想象。一个拥有十亿颗恒星的星系，在它的面前也会显得黯然失色。这个时候，地球上的人们就看到了一场超新星爆发。

在地球上，一个生命的死亡是无声无息的，可是，在这遥远的宇宙中，恒星的死亡却是这样恢宏而壮烈。在我们地球上看过去，不管原来它是多么暗淡，不管原来它是多么渺小，在这一刻，它突然引起了我们的注意。

我们的太阳当前正进行着氢元素的燃烧，50亿年之后，它也要走到这一步，发生超新星爆发。但是跟1987A不同的是，我们的太阳太小了，而1987A却太大了。现在科学家基本可以肯定，在爆发之前，1987A是一个巨无霸，被称为蓝超巨星，它的半径相当于40

个太阳的半径，质量也相当于20个太阳的质量，这么大的个头也使它的亮度极高，它发出来的光芒相当于15个太阳的亮度。

戴上了珍珠项链

距离大爆炸的时刻已经过去了二十多年，1987A 失去了当时的壮观，现在的亮度只有爆炸当初的百万分之一。但它并没有从天文学家的视野里消失，相反，它在这个时刻却展示了它更加迷人的风采，它以自己独特的魅力再一次吸引了天文学家的注意。

2003年11月28日，久负盛名的哈勃空间望远镜给它拍摄了一张相片，从这张令人惊叹的照片上可以看出，在中间比较暗淡的天体残骸周围，出现了一个明亮的圆环，就像是一个珍珠项链，这个珍珠项链就是当年超新星爆发的喷发物导致的。

大约在2万年前，蓝超巨星的表面发生了气体膨胀，这些膨胀的气体在它的周围形成了一个气体环，爆发之前，它被这个气体环环绕着。超新星爆发的时刻，那是一个极其猛烈的过程，它产生出猛烈的激波，这些激波以每小时160万千米的速度向周围扩展，激波向四周扩散的速度是不一样的，当跑在最前面的激波到达气体环的时候，它就与那里的物质发生了猛烈的撞击，撞击的结果使环里的温度迅速上升，就出现了一些热斑。天文学家最早发现的一个热斑是在1996年，随着时间的演变，更多的激波到达气体环的内侧，于是，更多的热斑也产生了。它们的温度从几千摄氏度到几十万摄氏度不等。这些热斑连接起来，就形成了这样一条珍珠项链。

这个项链也并不是不变的，在未来的十几年里，随着更多激波能量的到达，整个环里的物质都会发光，那些珍珠将会连接成为一个明亮的圆环，到那时，点点珍珠也就消失了。发光的气体环可以照亮周围的环境，就像点燃了一盏明灯，爆发后的所有物质都呈现在天文学家的视野里，这样可以使他们好好研究这颗恒星爆发的时刻，是如何向外界抛射物质的。

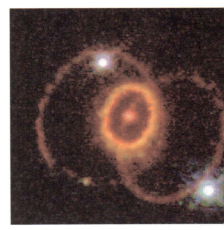

珍珠项链和它外侧的两个环

这个珍珠项链是哈勃望远镜拍摄出来最具有艺术魅力的一幅照片，它是地面望远镜无法看清楚的，它向我们展示了超新星1987A爆发的现状。

迷雾重重的超新星

如果仅仅有这么一个环，科学家还可以勉强对它作出这样的解释，但是，1987A却并不是那么简单，它十分不同寻常，就在这个珍珠项链的外侧，它还有另两个环，这个超新星被三个环包围着，这使它在那漆黑的夜空中显得更加壮观，这是其他超新星不曾留下的景象。天文学家试图对这三个环作出解释，但是，所有的理论都变得难以自圆其说，这使天文学家极度困惑，他们不明白那里究竟发生了什么，它为什么会形成三个环，他们只能叹息："对浩瀚的宇宙，我们知道的实在是太少了。"

在原来超新星爆发的地方，存在着原来超蓝巨星的残骸，这些残骸物质是一些重元素，是它们把爆发后的残骸加热并且发光，残骸发出的光要远远低于珍珠项链所发出的光芒，这样微弱的光芒它也只能持续几十年。按照一般的常识，在这些残骸的中央位置，会留下一个天体。一些研究者推测，一些最里面的物质会落到爆发中心，使中心星体有足够的质量成为一个黑洞。然而，爆发产生的碎片浓密地包裹着这个神秘天体，这样的包裹可能还要持续几十年。这使天文学家无法看清它的内部结构，他们对超新星遗址的中央目前还是一无所知。

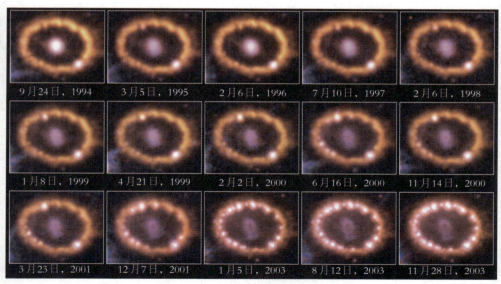

珍珠项链从1994年到2003年的变化

那里也可能是一颗脉冲星，虽然看不到，但是射电望远镜却可以发现它，遗憾的是，射电望远镜证实，那里没有脉冲信号。直到2012年拍摄的最新照片显示，超新星遗迹始终保持沉默，不肯告诉我们任何有关它内部的信息。只有它外围的这个珍珠项链向我们炫耀它的年轻和神秘。还有它外围的两个环，时刻向天文学家的现有理论提出挑战。

SN 1987A 计算机模拟三维图

再过十几年，等到这个珍珠项链变成一个圆环的时候，在明亮的圆环照耀下，也许天文学家可以偷窥它内部的秘密。

恒星腹内的寄生怪胎

恒星家族假的巨无霸

绝大多数恒星都很小，它们介于十分之一或者五分之一太阳质量之间，如果我们称它们是小恒星的话，那么我们的太阳可以称为中恒星，恒星家族不像人类那样个头基本一致，恒星家族还存在着大恒星，它们是恒星家族中的巨无霸，它们的个头是太阳的几十倍甚至三百倍，当然，这样的大块头数量也很少。恒星大小的分布规律是小的多，大的少，如果有一颗大恒星的话，那么就会有250多颗中恒星，5600多颗小恒星。

这仅仅是使用质量为标准衡量恒星的大小，恒星家族还有一些家伙不是因为质量大有名，它们仅仅凭借着体积大，就赢得了超大恒星的名气，比如红超巨星、蓝超巨星等，不过它们实在是浪得虚名，不配大恒星的名分，因为它们其实是虚胖子。

红超巨星是恒星家族中很奇怪的一个成员，它们发出红色的光芒，红色的光芒表明它们的温度并不高。但是它们的身体超大，论

红超巨星 hv2112 与内部的中子星示意图　　　　　恒星的吸积盘和喷流

起个头，它们比太阳大几千万倍，甚至十亿倍，这样的庞然大物几乎可以把地球外侧的火星都装在肚子里。不能说它们具体有多大，这是毫无意义的问题，因为它们的外侧是气体，没有明确的界限。

红超巨星绝对可以称为宇宙中最大的天体，这些虚胖子告诉我们，在宇宙天体中，谈体积是没有多大意义的，质量大，那才货真价实。只有质量大，才能称为大恒星，红超巨星体积大，质量小，它们是一群假大空的家伙。

超红巨星体内有个寄生胎

要说红超巨星就是假大空的家伙绝对没错，但是任何事情中都会出现特别的例子，有一颗超红巨星就特立独行，它并非浪得虚名，它不仅个子大，质量也不小，它的资料表明，它远远超越了超红巨星的质量上限，这样的结果让人大吃一惊。研究表明，在它的肚子里，还有另一颗恒星，这也就在情理之中了。

恒星的肚子里发现另一颗恒星，并非偶然发现，早在 1977 年，就有人预言存在这种天体，这种天体的名字也因此被称为索恩 - 祖特阔夫天体，这种天体已经发现了两个候选者。后来，一些天文学家研究小麦哲伦星系的红巨星，发现了第三个候选者，这颗红超巨星名字为 HV 2112。在它的内部还包括另一个天体，这个寄生在它体内的天体是一颗中子星。

红巨星绝大多数质量都是由气体组成的，那是沸腾的气体，透过这层气体，可以发现其中的东西，那些气体就像是它透明的肚皮。当然并不是直接用肉眼看，也不是使用光学望远镜来看，而是在光谱波段来观测，光谱波段的观测可以揭示很多恒星的秘密，告诉我们那里有什么化学元素。

观测 HV 2112 的光谱发现，它包含着锂、钼、铷等重金属的谱线，这些化学元素是索恩－祖特阔夫天体特有的，中子星的温度极高，甚至超过一些恒星核心的温度，而超红巨星的温度则很低，它主要都是气体，这些气体会落入中子星，发生新的核融合过程。于是，我们就能从光谱中发现锂、钼、铷等重金属的谱线。

这些光谱显示的是红超巨星与中子星复合的演化，它可以让科学家更好地理解恒星内部的化学演化过程，告诉我们化学元素是怎么生成的。

这颗红超巨星肚子里的中子星是一种致密的天体，中子星上的物质，每立方厘米也就是手指头那么大一点就能达到 8 千万吨到 20 亿吨之巨。这基本就是原子核的密度，是水的密度的 100 万亿倍，如果把地球压缩成这样，地球的直径将只有 243 米。中子星的质量是如此之大，半径 10 千米的中子星的质量就与太阳的质量相当了。

一个是密度极高的中子星，一个是庞大无比的气体球超红巨星，这种寄生关系说起来也算是最佳搭档。

一对搭档的前世今生

索恩－祖特阔夫天体就像是人类社会的寄生胎那样，一个寄生在另一个体内，它们本来应该是一对双胞胎，因为某种原因，一个发育完好，另一个发育不良。中子星和超红巨星的这种关系也表明，在很久以前，它们是一对兄弟，那时候它们是双星。

我们看到的双星，是靠在一起的两颗恒星，它们相互环绕着对方运行，有人说这是一对夫妻，也可以把它们看作是一对兄弟，还可以把它们看作是父子。导致这种不同说法的是它们之间的关系，这是非常复杂的各种各样的因素，比如个头、类型、远近等，这些原因也会让它们之间演绎出各种各样的奇特关系。但与一般的双星不同，这对索恩－祖特阔夫天体的前生是一对超大的双星。

大恒星在宇宙中绝对占不到什么好处，一般来说，大恒星都是短命鬼。在恒星形成的时候，它们具有太多的质量，质量也就是能量，这些质量就是它燃烧的本钱，形成之初，构成它的主要成分是氢元素，燃烧氢元素就是它发光的原因，恒星越大，燃烧的也就越多，它们具有极高的温度，发出极其明亮的光芒，肆无忌惮地挥霍着能量。

当氢原子燃烧完了之后，接近中心的氦元素也会点燃，但是体积却飞速膨胀，也就是红超巨星形成了，最终，宇宙中最壮观的景象就出现了，它发生了超新星爆发，那是极其猛烈的过程，发出极强的光芒，让整个宇宙都可以知道它的巨大变化，抛掉外壳之后，它就会形成一颗中子星。

红巨星 BD+48 740

恒星喷流

　　另一颗红超巨星 HV 2112，以前也是一颗大质量恒星，但是，它与已经变成中子星的这颗比起来质量小一些，因为质量小，演化得就慢，这种超大的体积，告诉我们它也走到了生命的尽头，进入了演化的末期。

　　这个时候，恒星的辐射和引力已经不再平衡，其结果就是外壳开始膨胀，外壳能够膨胀上亿倍，它的膨胀一往无前，也就将昔日的同伴吞噬，于是，它就成为一个体积巨大的气体球，将同伴装到了自己的肚子里。质量大小不一导致了不同的演化速度，造成今天的局面。

或者合并或者分离

　　红超巨星 HV 2112不仅仅是气体球那么简单，在它的中心还存在着硬核，可以把它看成一大团气体里面的另一个天体，所以它与中子星之间还是双星的关系。既然是双星，就要相互围绕着对方运转，只不过是在一大团气体中运转。一对双星在一起，需要一种平衡艺术，今后应该如何相处，成为一个问题摆在它们的面前。

　　对于红超巨星 HV 2112来说，中子星进入到它的肚子里，这可能是一种巨大的灾难，寄生者可能借助它的身体越长越大，导致

HV 2112的毁灭。

中子星本来是耗尽了氢元素的恒星，氢元素对它来说，就是食物，当它进入对方的肚子里之后发现，周围原来有那么多的氢元素，这就像是一个恶鬼遇到了食物，它开始了疯狂地吸积，气体球会变成扁平的吸积盘，环绕在中子星的周围，这是一个螺旋状的吸积盘，就像是一圈一圈的蚊香那样，最靠近中子星的地方，也就最先进入到中子星的体内，最终，中子星会把这个气体球完全吞噬掉。

还有一种可能，也不是那么乐观，如果它们比较近的话，双方的引力会让轨道周期衰减，使中子星和红巨星的核心以螺旋形轨道

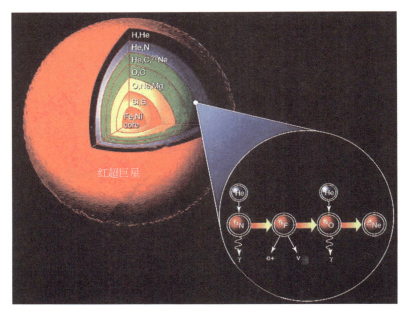

红巨星的剖面图

向内彼此靠近，它们越来越近，最终会撞击到一起，发生超新星爆发，组合成一颗更大的中子星。

中子星寄生在红超巨星体内，可是它却能够把宿主完全吞噬。这是一种悲伤的结局，如果它们因为靠得比较近发生合并，也是一种悲伤的结局。但并不是必须如此，还有一种积极乐观的结局，它们会成为双星，像兄弟那样并肩站立。

红超巨星正处在膨胀阶段，膨胀之后会发生什么？当然是超新星爆发，大质量恒星的演化速度快得多，要不了多久，这颗名字为HV 2112的红超巨星也会发生超新星爆发，爆发之后它也会变成一颗中子星。

它们的前世是像太阳那样的恒星，只不过比太阳的质量大，先后经过超新星爆发，脱胎换骨之后化蛹为蝶，双双变成坚硬致密的中子星，它们依然是双星，相互环绕着对方运行，它们又恢复了兄弟关系。

16

回力棒星云——宇宙中最冷的地方

回力棒星云的两副面孔

回力棒是一种弯曲的小棒，就像是大写的字母 V，最早的回力棒是澳大利亚当地的土著人发明的，当它们把这个东西甩出去，就可以打击敌人，然后又能自己返回，落到释放者的手中，这种神奇的东西是依靠独特的外形，借助空气动力来达到返回的目的，所以它还有个名字叫做螺旋标，也叫做飞去来器。

在南方天空的半人马座，距离我们5000光年的地方，有一个星云就叫做回力棒星云，当然，它的外形跟回力棒一样，1998年，哈勃望远镜拍摄了回力棒星云的详细影像。从照片上看，它并不是简单的 V 字形弯曲，而是呈现出尖头相连的两个对称三角形。如果当时的人们对这种结构有什么惊奇的话，那么现在他们已经不再感到惊奇了，这种典型的对称结构，一般是爆发之后的恒星残骸。由于最早的人们对它们不了解，就给它们起了行星状星云这个名字。它们是爆发后的一团气体云。行星状星云有着明显的腰部，也就是

阿塔卡马大型毫米波亚毫米波望远镜天线阵

对称点。

2013年，在智利北部的高山上，一个大规模的天线阵建设成功，这是阿塔卡马大型毫米波／亚毫米波天线阵，它可以在毫米波段观察宇宙，这不同于哈勃望远镜的光学波段观测，它将向我们展示宇宙的另一副面孔。在它的眼里，回力棒星云完全改变了面目，变得面目全非，它拍摄的毫米波照片显示，回力棒星云根本不是这个样子，它呈现出一种奇怪的结构，就像是一颗牙齿，分析认为，作为对称点的腰部结构已经不存在，它呈现出典型的球形结构，似乎是十分均匀。

光学望远镜展示的仅仅是平面结构，通过毫米波望远镜，我们知道了它的立体结构。过去，对于爆发后的恒星残骸，天文学家一直不清楚它们为什么会是带有腰部的对称结构，他们觉得，爆发之后应该呈现出球状结构，现在，他们似乎找到了证据。

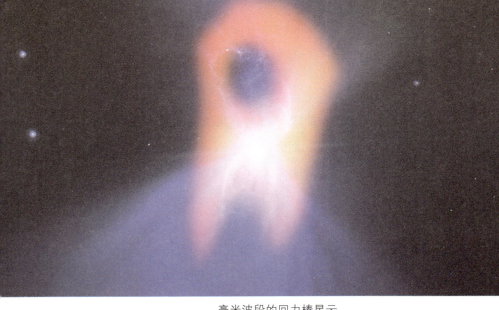

毫米波段的回力棒星云

宇宙中最冷的地方

透过毫米波段望远镜的观察，天文学家得出结论，这是宇宙中最冷的地方。当年恒星爆发之后，残骸正在高速扩散，不知道那是什么时候，但是知道残骸还在高速扩散，并且在扩散的过程中逐渐冷却下来，它们不仅带走了恒星爆发产生的热量，而且在降温的过程中，自身的温度下降得比宇宙空间原有的温度还低。

宇宙中虽然恒星温度很高，但是在一无所有的真空中，温度是极其寒冷的，理论上说，宇宙中最低的温度是 –273.15 摄氏度，这是摄氏温标的说法，换算成开氏温标的话就是零度。但是，宇宙从大爆炸中产生，至今还残留着大爆炸的温度，比绝对零度稍微高一点，也就是 2.8 开氏度。

回力棒星云中，温度仅仅有 1 开氏度，也就是 –270.35 摄氏度，比绝对零度 –273.15 摄氏度还要高一些，已经接近绝对零度。这让科学家自叹不如，在地球上，他们需要使用最精尖的科学技术才能创造出这么低的温度，而回力棒星云，轻而易举地创造了 –270.35 摄氏度的低温，科学家完全可以宣布，这里是宇宙中最冷的地方。

温度将会慢慢回升

回力棒星云的中心，包含着当年爆炸的恒星，它应该是一颗白矮星，在爆发之前，它是一颗红巨星，已经喷射出来很多的气体，这些气体弥漫在红巨星周围，当红巨星爆发之后，它也就变成了

回力棒星云

白矮星，爆发的气体流喷射出来，追赶上外侧的气体，形成了气体空洞。毫米波望远镜还发现，一些毫米大小的微小颗粒包围着白矮星，是它们遮挡住了白矮星发出的光芒，让我们只能看到回力棒这种模样，真实的模样被这些微粒掩盖起来，只有在毫米波望远镜的观测下，它才显出真容。实际上，回力棒星云要大得多，在外围呈现出拉长的圆形，它们可能是当年红巨星喷发出来的。

宇宙中最冷的地方，并不能长期维持这样的低温，整个星云的尘埃还在扩散，外围的尘埃正在接受其他恒星的照射，这样的照射给它们带来温暖，所以星云的外侧在渐渐升温，尽管现在还低于周围宇宙空间温度，在不久的将来会与它们温度一致，也就是2.8开氏度。

17

宇宙花园洒水车

另类的行星状星云

行星状星云是一类特别的星云，是天文爱好者喜欢观察的一类特别的目标，肉眼看上去，它们跟恒星没什么两样，但是，使用望远镜看上去，它们就是一个星云，也就是一大团弥漫的星际物质。

当代，望远镜技术获得了巨大的发展，可以清楚地分辨出，这些星云跟一般的弥漫星云明显不一样，它们有着特别的结构。最明显的特征就是它们有着中心对称的结构，总体似乎是呈 X 结构。依据现在的天体物理学知识可以知道，它们从前都是双星，都是老年恒星爆发的产物。

行星状星云的 X 结构，揭示了当年作为双星的时候，两颗恒星之间的斗争与合作。由于它们与我们自己所处方位的不同，看上去，它们并不是那么简单的 X 结构，有的会呈现出很复杂的结构，让人很费解。

2003 年，哈勃太空望远镜拍下了一个名为 Henize 3-1475 的行星状星云，它有着令人惊讶的 S 形喷流结构，科学家们把这个星云昵称为"花园洒水车"。

Henize 3-1475 距离我们约 18000 光年，质量比太阳大 3 ～ 4 倍。它就像是一个洒水喷头那样，旋转着向外界喷洒物质，喷头并不是向一个方向喷洒物质，而是向两个相反的方向喷射物质，喷洒出来的物质呈现出 S 形状，从它已经喷出来的物质可以计算出，这个喷头每 1500 年自转一周，喷流中气体的运动速度可达每小时 400 万千米。那时候，科学家们无论如何也搞不清楚，那里究竟发生了什么？

Henize 3-1475是在人马座，很巧的是，在人马座，还发现了另一个同样结构的行星形状星云。它的临时编号是 Fleming 1，这也是一个带有喷流的宇宙花园洒水车。

该星云也留下了 S 状的弯曲喷流，这些痕迹表明，喷嘴也发生过多次的方向转变。欧洲南方天文台的甚大望远镜给它拍下了照片，智利的天文研究小组结合这些图片，在计算机中设置了模型，它们的研究揭开了宇宙花园洒水车形成的秘密。结果显示，它们也是双星演化形成的。

大圆盘揭示两颗白矮星兄弟相残

一个世纪前，Williamina Fleming 是哈佛大学天文台台长家里的一名女佣，发现了 Fleming 1星云，这是一个美丽的星云，一大团弥漫的星际物质，那时候，望远镜技术不够发达，还看不出 Fleming 1星云有什么特别之处。但是现在看得出，Fleming 1星云非同寻常，它带着 S 形的喷流。于是，天文学家知道，这团星际迷雾遮住了我们的眼睛，在这团星际物质的背后，一定隐藏着不为人所知的秘密。这个秘密就是有一对双星隐藏在这里，它们就是花园洒水车喷嘴的制造者。

双星是宇宙中很常见的一种天体聚集方式，它们就像是一对夫妻那样，紧靠在一起，彼此环绕着对方运行。但是，Fleming 1星云中的这对双星是我们看不见的，它们隐藏在美丽的星云中间。而且，它们是一对老年的双星，曾经发生过激烈的变化，今天它们已经演化成白矮星。

借助于其他引力研究手段，可以知道，这对白矮星之间的距离大大超越了人们的认识，通常认为，这样的双星互相环绕一周需要十年的时间，但是因为靠得太近，它们的环绕周期，大大短于这个时间。它们的环绕周期只有1.2天。每1.2天就环绕一圈，这种速度快得让人惊讶。

这么快的速度也表明它们之间靠得太近了。靠得这么近是很危险的，它们必然会互相吸引，较大的一颗我们不妨称它为哥哥，它会在这场斗争中受益，较小的一颗就是弟弟，它会被迫害，弟弟的物质会被哥哥吸收。但是，哥哥在占有弟弟的物质的时候，并不是简单地撞击到一起，然后一口吞吃，而是慢慢地吸收，那是一个悲惨的场景。

当这对白矮星兄弟靠得太近的时候，悲惨的事情就不可避免地发生了，首先，弟弟身上会鼓起一个大包，那一大包物质会飞出来，流向哥哥，接着，更多的物质飞出来。从弟弟身上飞出来的物质，并不会直接流向哥哥，它们会围绕着哥哥运行，环绕几圈之后，越来越靠近哥哥。于是，我们就会看到，那些从弟弟身上流出来的物质在哥哥的身边形成一个大圆盘，叫做吸积盘，吸积盘就是一般恒星之间相互吞噬的一种食物管道，强者吞噬弱者，都会首先建立起来这么一条食物管道。这么一条食物管道呈现一个螺旋线的形状，一点一点地向着哥哥靠近。

nebula_h   Henize 3-1475

终于，吸食开始了，螺旋最靠近哥哥的地方，也就是最先被吸收出来的物质，开始向哥哥坠落，进入哥哥的身体，成为它的一部分，然后就一发不可收拾。那些螺旋线就是一个吸管，通过这个吸管，弟弟的身体一点点地流向哥哥。最终，弟弟会完全消失，被哥哥吞噬掉。但是，哥哥并不能把从弟弟那里掠夺来的物质全部吸收，还有一些浪费。

喷嘴和进动造就了宇宙花园洒水车

在吸积盘的上部和下部，也就是两极，会有一些物质逃离出来，被喷射出来的物质相当于被吞噬物质的百分之十，它们相当于哥哥吞噬弟弟的时候掉落的残渣。吸积盘两极喷出来的物质具有极高的速度，猛烈地射向宇宙深空，绵延好几光年的长度，在其他星光的照耀下，就像是一对灯塔，宣告着它的存在。当这些物质被喷射出来的时候，花园洒水车的喷嘴也因此诞生了。

花园洒水车通常都是旋转的，也只有旋转起来，它才能把水尽可能多地喷洒给更多的花朵，让植物都能得到充足的水分，仅仅两个喷嘴是远远不够的。这时候，另一个因素完成了这个必要的条件，让它们成为了旋转的喷嘴，成为完美的宇宙花园洒水车，这个导致旋转的因素就是进动。

孩子都喜欢玩陀螺，把一个陀螺放在光滑的冰面上，用鞭子抽它，陀螺就转动起来。假如陀螺没有到处跑，而是在原地转的话，我们就会发现，陀螺并不是简单地在原地旋转，陀螺就像一个不倒翁那样摇摇晃晃，它晃来晃去似乎要倒掉，却始终不倒掉。

陀螺这样晃动的本质，就是它的自转轴在晃动，自转轴跟地面并不是垂直的，而是有一个倾角。不停地指向天空中不同的方向，在空中不停地画圆圈，它画了一个又一个圆圈，陀螺的这种摇摇晃晃的运动就是进动。

陀螺进动一圈的时间是短暂的，但是对于天体来说，进动的周期是非常漫长的，比如我们的地球也存在着进动，地球进动的周期是 25800 年，它给我们带来了很多变化，最明显的就是北极的位置，在几千年前，北极星并不是在北极，但是现在它在北极，也就是地球自转轴正好指向的位置，是进动导致的结果。

对于双白矮星组成的这个系统来说，它们也在发生进动，它其实也是一个陀螺，陀螺体就是吸积盘，自转轴就是喷嘴，自转轴摇摇晃晃，在偏斜中不断地绕圈子，于是，喷嘴就实现了旋转。这就是我们看到的 S 形状喷流，也就构成了宇宙花园洒水车。

Fleming 1 作为一个行星状星云，两颗白矮星也许当年发生过超新星爆发，那也只能是遥远的事情，今天我们不得而知，但是，今天的这种美丽的外形结构，足以证明它有过兄弟相残的故事。

很难想象，浪漫的宇宙花园洒水车，背后原来隐藏着这么悲惨的故事，不要为宇宙天体的命运悲叹感怀什么，事实上，这样的双星彼此相吞噬的故事比比皆是，没有人去调查谁对谁错，弱肉强食就是宇宙的规则。

宇宙吞噬案比比皆是，洒水车这样的宇宙喷嘴也比比皆是，并不仅仅局限在人马座，在宇宙的很多方位，都发现了与此类似的喷嘴，那里为什么会发生这样的事情？我们至今还有很多问题没有搞清楚。如果还要再问，科学家只能告诉你：这些喷嘴可能跟角动量以及磁场有关。

电脑模拟 Fleming 1

炸不死的海山二星

山海之间的海山星

北方的人们看不到南方的星空，在南方的天空，船底座是很大的星座，它几乎靠近南极，广东或者海南岛的人民可以很容易看到它。船底座只是西方人对这些恒星的称呼，中国人在古代对它们有另外一种称呼。

生活在南方的中国古代的天文学家们，站在大海边，透过起伏的群山可以看到这组亮星，于是给它们起名叫海山星，听到这样的名字，就可以知道，这些恒星是在山海之间。再往南方，是大海，古人们就没办法去了。

海山星并不是一颗星，而是好几颗星，它们包含在船底座中，是船底座恒星的一部分。它们其中有一颗明星，叫做海山二星。初次听到这样的名字，不要以为是两颗星，它只是一颗星，是这组星中排行老二的星。既不是它的亮度第二，也不是它的大小第二，仅仅是随意把它在这组恒星的位置排为第二。

海山二的周围

在古人的眼里，山和海的距离是遥远的，但是他们不知道，海山二星的遥远远远超出了他们的想象，海山二星距离地球7500光年，它发出来的光要经过7500年才能穿过浩瀚的宇宙，进入我们的眼睛。它在银河系的位置属于恒星摇篮地带，有很多的恒星都是在那里诞生的。

中国古代的天文学家也不知道，海山二星是一颗巨无霸恒星，在银河系中，它是现在已经知道的最大的恒星，它的质量大约是太阳的150倍。现代科学家认为，恒星的质量不该这么大。既然这么大，它也必然不同于一般的恒星，有着特别的生活规律，事实就是这样，海山二星有着很特别的地方。

新型的超新星

一般认为，超大质量的恒星演化得都很快，它们会较早地进入老年，产生一次超新星爆发，随着超新星爆发，这颗恒星也就土崩瓦解了，暂时的明亮之后，接下来的是无尽的黑暗，于是，这颗恒星完蛋了。但是这个过程，会因为质量的大小不一而有些不同。

现在科学家认为，海山二星就是一种特例，这也是它最近几年成为明星的原因。海山二星是一颗年老的恒星，它在渐渐地走向死亡，它的爆发没有超新星那么耀眼，也没有超新星那么猛烈，可以说它是一步步地慢慢地走向死亡，早在1843年，它就发生了一次爆发，那时候它是全天空最亮的恒星，亮度超过了天狼星，如果那时候人民知道超新星的话，就一定会认为，海山二星发生了超新星爆发。但是，事实却不是这样，这是一次虚假的超新星爆发，海山二星依然存在，它并没有因此瓦解。

海山二星还在那里，只是表面的氢元素减少了一些。这场大爆发让它损失了很多氢元素，那是它燃烧发出亮光的资本。虽然它没有被炸死，但也被炸得面目全非，它不再是圆形的，现在它已经变成了哑铃形，看上去似乎是两个星球连在一起，其实我们看到的两个哑铃都是爆发出来的物质，那是一些气体云和尘埃，那些气体和尘埃在快速地奔流着，比矮星云尘埃的流动速度快5倍，速度为每秒钟650千米，但是，比起超新星表面的气体流动速度，还是要慢很多。

我们看到的这一切仅仅是它爆发出来的尘埃，真正的海山二星在这些尘埃的中间，因为很小不容易看到。

海山二星在爆发的时候，发出来的波浪与一般的超新星极为相似，但是，却有着很多的区

海山二所在的区域

别，比如，它的光度没有超新星那么亮，爆炸的威力也小得多，最重要的是，爆炸并没有导致整个星球的瓦解。过去认为，海山二星的爆炸发生在表面，但是现在认为，它的爆炸是发生在内部。它似乎是在垂死挣扎，不肯一下子死亡，今后，它还会周期性地发生大爆炸，海山二星的爆发，是超新星爆发的一种新形式。

等待下一次的爆发

　　一次爆炸，并没有摧毁海山二星，它只是损失了一些质量，丢掉了一些氢元素。科学家认为，每过一千年，海山二星表面的氢元素会减少很多，相当于十个太阳，虽然数量是庞大的，但是对于这颗银河系最大的恒星来说，这一点质量实在是微不足道，它看起来还能支持下去，继续像个恒星那样在燃烧，在继续发出光和热。虽然肉眼看到的并不明亮，但是它的真实的亮度是极高的，海山二属于亮蓝变星，亮度大约是太阳的400万倍。

　　1843年的爆发是人类第一次观察到，显然这不是它的第一次爆发，在此之前，它肯定还发生过爆发。现在科学家关心的是它的下一次爆发发生在什么时

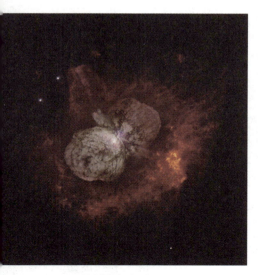

现在的海山二星

侯，这一点很难说清楚。也许就在今年，也许在明年，也许我们这一辈子也等不到那一天。科学家预测，它会在一百万年内出现再一次爆发。它爆发的那一刻，我们也不必惊慌，因为它距离我们地球还非常遥远，对地球构不成威胁。

那时候，生活在南方的人们会看到，在起伏的群山与大海之间，出现了一颗非常明亮的恒星，不要问，那就是海山二星发生的再一次爆发。要问这是它的第几次爆发，那你只能去问它自己。

微型超新星的爆发

等待超新星爆发

1987年2月23日，对于天文学家来说，这是一个非常值得纪念的日子。这一天，他们发现了一颗超新星，这就是超新星1987A，它出现在大麦哲伦星云。它是400多年来最亮的一颗。它出现在美国《时代》杂志的封面上，成了当年最惹人注目的天体。

超新星爆发是宇宙中很重要的事情，只有在它爆发之后，我们才能知道，对于近距离超新星爆发，每一百年才会有一次，远一点的，需要等待三十年才能遇到一次这样的机会。科学家完全不需要等待三十多年，他们使用新型设备完全可以找到更多的超新星，而且，并不猛烈的超新星爆发可能更多。这种不猛烈的超新星爆发被称为微型超新星爆发，这是最近十几年才发现的新类型，它们的代表是超新星 SN 2012Z，离地球约1.10亿光年。

2012年，哈勃望远镜 NGC 1309 星系中，看到了一个不同寻常的亮点，最后他们确认，这是一个白矮星发生了爆发，而且知道，

这是一种新型的超新星爆发，叫做微型超新星爆发。

微型超新星

　　科学家比较关注的是 IA 型超新星，它的主角通常都是一颗白矮星，白矮星是太阳这样的恒星演化到末期的残骸，虽然它们的质量不大，却有着极高的密度。白矮星通常都会有一颗伴星，这注定它们之间是一种掠夺关系，受害者就是伴星，白矮星会贪得无厌地吞噬伴星的物质。但是，白矮星不能无限制地吞噬这些物质，当它

SN 2012Z 的背景星系以及爆发前后对比图

长大到1.44倍太阳质量的时候，掠夺就必须停止，1.44倍太阳质量就是它个头的极限，这时候，一系列物理反应就开始了。白矮星内部的密度足够高，能够点燃连锁反应，一系列核聚变过程最终导致白矮星爆发，这就是 IA 型超新星。

IA 型超新星爆发的时候，由于质量一定，发出的光亮也就一定，于是，从它们的亮度就可以判断出它距离我们有多远，距离我们近的亮，远的就暗淡，由此具有极高的作用，可以判断周围的天体亮度。

IA 型超新星就像是遥远之处点燃的蜡烛那样，被称为宇宙烛光。于是，天文学家很希望能多找到一些标准烛光，这也导致他们找到了一种新型的 IA 型超新星，微型超新星就属于 IA 型超新星，它们有个新的编号叫做 IAX 型超新星。

一对双星的前世今生

2002 年，这种微型的超新星爆发被科学家识别出来，SN 2012Z 的出现加深了他们对这种新型超新星的认识，它爆发之后，科学家检查了此前 NGC 1309 星系的照片，超新星就存在于这个星系中，哈勃望远镜曾经三次给它拍摄过照片。

从这些照片可以看出，此前，这里一无所有，在超新星 SN 2012Z 爆发的地方，找到了一颗蓝色的恒星，虽然这颗蓝色的恒星是可以看到的，但是白矮星却无法看到。就是它给看不到的白矮星提供了能量，让白矮星的质量不断增长，终于导致了一次小规模的爆发。

于是，天文学家得出结论，得知了这对双星的前世今生，这两颗天体本来是一对双星，它们的质量不可能一样大，大的一颗首先演化成白矮星，在爆发之前，也就是成为红巨星的时候，它会剧烈地膨胀，一些膨胀物质被较小的伴侣吸收了，伴侣接收了这些物质因而变得很大，它的外壳也会急剧膨胀，成为超级巨大的蓝色的巨星，这样它又把白矮星吞没了，于是，我们看上去，一大团气体中有两颗恒星：蓝色恒星的核心和白矮星。

白矮星在爆发之前，物质被蓝色恒星吸收，爆发之后，它开始索取那些丢失的物质，它完全有这样的资本，此刻的它非常致密，

因而有很大的引力，另外，那些围绕着它们的气体也已经消失了，它开始从蓝色恒星的身上吸收物质，吸收的较多，自己也承受不了，于是，它开始发生了超新星爆发，这就是微型的超新星爆发。这场爆发的威力并不大，但也让白矮星抛洒出来半个太阳那么多的物质。

现在，这个地方依然会有两颗恒星，但是，微型超新星爆发产生的弥漫气体遮住了它们，不仅是白矮星，还是蓝色恒星，都无法看到，几年之后，等到气体散开，也许会重新看到它们两个。

20

宇宙毛毛虫

天鹅座的毛毛虫

夏天夜里的星空，天鹅座在我们头顶，它只是一个天鹅的形状，就在这个天鹅座中，通过超级望远镜，比如哈勃望远镜，深入地观察宇宙深处，就会发现这里存在着一个毛毛虫，一个巨大的宇宙毛毛虫，其长度可绵延10万亿千米，即使跑得最快的光，也需要跑一年，才能从毛毛虫的一边跑到另一边。

天鹅座 OB2 星云十分复杂

这是一个巨大的毛毛虫，它的后端似有似无，渐渐消失，但是它的头部却十分明显、十分巨大，似乎还可以看到骨骼部分，看起来它更像是一个正在游动的蝌蚪。在它的前方，几颗亮星闪闪发光，似乎是在为它指引方向。毛毛虫所在的区域是恒星形成区，毛毛虫部分却是弥漫的星际尘埃。

每一颗恒星都是在宇宙尘埃的基础上形成的，那些宇宙灰尘主要是氢元素，当然还包括其他化学成分，这些灰尘都是以前恒星爆发的尘埃，或者是原始宇宙中其他恒星形成后剩下的残渣。它们越聚越多，最终逐渐成为一个圆球，当它的质量足够多的时候，或者是它的个头足够大的时候，就会产生非常高的温度，点燃氢元素，氢元素燃烧起来，一颗新的恒星就诞生了。

但是，一颗恒星的形成并没有这么简单，气体云凝聚并没有能够成为一个圆球，一个偶然的因素使它成为一个毛毛虫。造成这一切的原因就是前方的那些亮星。那些亮星不是一般的恒星，它们是恒星家族中的巨无霸，它们被称为 O 型恒星。

O 型恒星塑造了毛毛虫的形象

O 型恒星是恒星家族中的巨无霸，它们较为罕见，它们的质量一般是太阳的几十倍，也正是因为质量大，它们在迅猛地燃烧着，也因而有着极高的温度。一般来说，它们的表面温度可以达到三万摄氏度到五万摄氏度，而太阳的表面温度只有五千多摄氏度。O 型恒星的高温告诉我们，那里在发生着剧烈的热核反应，猛烈的光芒带着极高的温度向周围扫射，就像狂风那样扫向四周，这些光具有

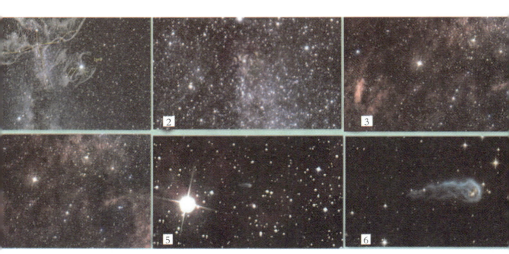

望远镜步步深入观测天鹅座大蝌蚪

强大的压力，被称为恒星风。

这样的 O 型恒星有 65 颗，在宇宙毛毛虫的前方大约十五光年远的地方。在这附近，天鹅座 OB2-12 是一颗超级亮的蓝色特超巨星，不仅规模巨大，同时也是银河系中著名的大质量恒星之一，这些超级巨星发出蓝色的光芒，这些蓝色的光芒已经告诉我们，它们炽热无比。它们发出的恒星风把本来要聚集成一团的恒星胚胎吹向远处，于是，恒星胚胎无法聚集，被吹得像长发那样向后飘散，就形成了这个奇怪的宇宙毛毛虫。

除了那些 O 型恒星，在它的侧面，还有一些近 B 型主序星，大概有 500 多颗，它们的总质量超过 3 万倍太阳质量。它们的光芒也是十分明亮的，当然也会产生恒星风，这些恒星风进一步把这个恒星胚胎的物质吹向后方，拉出长长的长条形，塑造出来毛毛虫的形象。

毛毛虫将会化蛹成蝶变成恒星

宇宙毛毛虫距离我们大约 4500 光年，它的名字叫做 IRAS 20324+4057，所在的区域属于天鹅座 OB2 星团，这里是一些年轻的恒星形成区，那些发出强光的恒星早已经形成，都是毛毛虫的兄弟姐妹，毛毛虫也会形成恒星，它目前只是恒星的胚胎。这是一个可怜的恒星胚胎，还没有形成就遭此厄运，兄弟姐妹发出强烈的恒星风已经把它吹得不是圆球形。

这并不是一个特例，很多情况下，对于正在形成的恒星来说，如果周围有较明亮的恒星，恒星风会干扰它们正常的物质聚集过程，在恒星风干扰较为严重的空间内，甚至可以扼杀胚胎中的恒星，让它们无法诞生。

恒星风在扼杀宇宙毛毛虫，但是，毛毛虫并不会甘心被杀死，它中心汇聚起来的物质会越来越浓密，进而产生引力，引力越来越大，要把吹走的尘埃聚集起来。两种力量谁更大，目前还说不清楚，我们只能看到这些气体像是一个蚕茧那样，包围着中心的恒星胚胎，这个恒星胚胎就像是蚕蛹那样安详地存在着，完全不知道它出生的环境是多么恶劣。

中间小圆内是天鹅座 OB2 星云

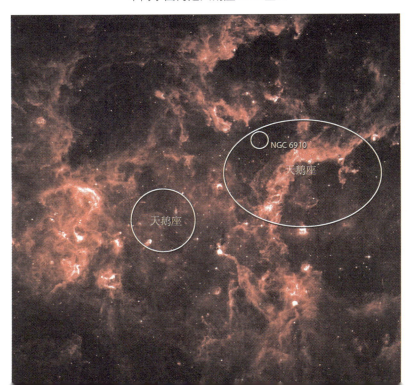

毛毛虫经过蜕变，就会变成美丽的蝴蝶，祝福这个宇宙毛毛虫吧，等待它把周围的灰尘吸收足够多的时候，它就会把氢元素点燃发出光芒。发出光芒的那个时刻，也就相当于蛹蜕变成了美丽的蝴蝶。

鸡蛋形行星——妊神星

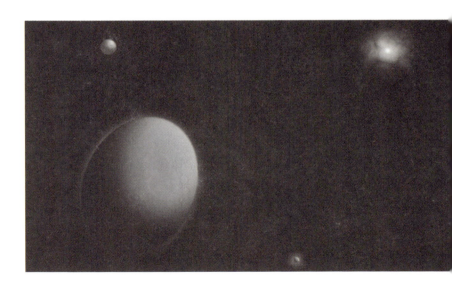

冥王星的兄弟姐妹

冥王星在遥远的太阳系边界，那里是阴森森的寒冷地带，所以，当1930年它刚刚被发现的时候，被以冥王的名字来命名，意思就是说那里是太阳系的地狱，长期以来，冥王星一直被当作是太阳系的第九大行星，但是，当1992年的时候，这种情况发生了改变，人们发现了柯伊伯带天体。

这是一大批天体，就跟太阳系的小行星一样，在环绕太阳的轨道上运行，它们数量众多，没有自己独立的轨道，因为个头较小，引力也较小，不能把自己轨道周围的其他天体赶走，或者把它们吸引过来成为自己的一部分，它们都没有自己独立的轨道，冥王星其实跟它们是一样的。

于是，冥王星的真实身份受到了人们的怀疑，它的第九大行星的地位也开始动摇了。2006年，国际天文学会制定了新的规则，冥王星不符合大行星的规则，从此冥王星被拉下了第九大行星的宝座，它开始有了新的身份，它的身份是矮行星。

矮行星是介于大行星和小行星之间的一种行星，这是太阳系行星的一种新的分类，属于这种分类的矮行星基本都生活在太阳系的边疆。在柯伊伯带天体中，能达到矮行星级别的寥寥无几，能达到这种级别，也该有相应的名分，被冠以神的名字来命名。其他几颗比较大的矮行星分别是，创造生命的女神塞德娜，还有好战女神阅神星，也就是齐娜，另外还有鸟神星和创神星。

2004年，一颗大型柯伊伯带天体被美国天文学家发现了，随后在 2005 年，西班牙的天文学家也声称独立发现了这个天体，2008年9月17日，国际天文联合会正式确认它是一颗矮行星，并且给它命名为妊神星。

在给妊神星命名的时候，天文学家想起了夏威夷岛民间传说的生育之神，这位神仙的名字叫做哈乌梅亚，妊就是妊娠的意思，也就是怀孕生子的意思。妊神星是第五颗矮行星，除了一颗谷神星不在柯伊伯带之外，其他的几个都在太阳系的边疆，它们都是冥王星的兄弟姊妹。

能生儿育女的冰鸡蛋

柯伊伯天体都在距离太阳极其遥远的地方，只能接收到很少的阳光，所以那里是阴暗的世界，极其寒冷，包括冥王星在内，都是冰雪的世界。多种观测技术表明，这些天体都是由一些冰川和岩石构成，包含着一些有机物，冰川是主要成分。妊神星也是这样的冰质星球。在妊神星上面，75％的面积上都具有很强的反光性，反光性质很接近冰川的反光特性。

反光的是表面覆盖着的厚厚的冰，毫无疑问，这里没有大气层，不会有水参加的大气循环，所以它不是雪，仅仅是冻结的水。正是这层厚厚的水，塑造着这个星球的外形，它是一个鸡蛋形的星球。

当一颗星球的直径大于 400 千米的时候，自身的引力会把它打造出圆形。妊神星的直径大于这个数据，但是，它却不是圆的，它是目前知道的唯一的鸡蛋形的星球。小鸡就是由鸡蛋孵出来的，作为生育女神，妊神星也是鸡蛋的外形。它之所以有这么样的奇特外形，完全是因为它高速自转的结果。

妊神星的自转非常快速，不到四个小时就自转了一圈，也就是说，这里的一天仅仅还不到4个小时。这么快速地自转，自然要把表面的物质向外界抛射，但是本身的引力却还是要把这些冰留住，于是，要想让二者平衡的最后结果就是，整个星球成为一个鼓起的鸡蛋形。这个鸡蛋的长轴有1960多千米，它的短轴要远远低于这个数据，大概是996千米。

妊神星是一个鸡蛋形的星球，有一个认识修正的过程。科学家最早观测它的时候，发现它的亮度在短时间内出现了很明显的变化，每隔两个小时，它的亮度就会增加25%，这表明这颗星球上的某个地方特别亮，妊神星每隔两个小时就会运转一圈，于是，这个亮的地方就会出现一次，但是这种猜测是有问题的。

像妊神星这么大的星球不可能自转得这么快。于是，科学家重新认识到，这是一个鸡蛋形的星球，当它的长轴对着我们的时候，反光能力就强了，它的亮度就会加强，反之，短轴对着我们的时候，反光能力减小，亮度也就降低。

终于，科学家得出结论，妊神星是鸡蛋形的，每4个小时自转一圈，亮度增加两次才能表明它自转了一圈。

生育之神和它的一对女儿

似乎很悲哀，妊神星在太阳系的边缘是那么孤独，其实并不是这样，妊神星并不孤独。妊神星有两颗小卫星，这两颗小卫星是2005年被发现的，分别使用生育之神的两个女儿来命名。作为她的女儿，也跟她保持着同样的基因，那就是这两颗卫星也是被冰雪覆盖的世界。

妊卫一是大女儿，靠近外侧，直径310千米，妊卫二在内侧，距离妊神星比较近，是她的小女儿，质量只能达到老大的十分之一。但是它们的轨道却有很大的区别，老大的轨道是整圆形的，老二的轨道则是扁圆形的，也跟鸡蛋差不多。老大围绕妊神星运转一圈是49天，老二围绕妊神星运转一圈是18天。

就像是月球引起地球上的海潮那样，卫星也会把妊神星上的冰外壳向外拉，会让妊神星的表面发生鼓起，所以，除了高速自转，卫星的引力也是造成妊神星像鸡蛋的原因。

现在已经认为，妊神星有岩石的核心，但是岩石的成分是多少，目前还不清楚，所以也就无法知道妊神星的质量，也无法知道两颗小卫星的质量。但是还是有一些方法帮助科学家研究它们这个三口之家。据估算，这个三口之家的总体质量大概是冥王星家族的32%。

作为一颗矮行星，妊神星在围绕着太阳运行的时候，轨道跟冥王星有很多相似的地方，也是椭圆形的轨道，只不过，它的轨道比

八大外海王星天体比较

妊神

冥王星的轨道还要椭圆，虽然它身在冥王星以外，当靠近太阳的时候，比冥王星距离太阳还要近。所以说，不仅妊卫二的轨道是鸡蛋形的，妊神星的轨道也是鸡蛋形的，这真是女效其母。

妊神星上有一个暗红色的斑点，这个斑点似乎告诉我们，在被冰雪覆盖的表面，还有一些裸露的地块，这可能是岩石，也可能是有机化合物，这很符合很多柯伊伯天体的特征，即使在彗星上，也会出现一些有机化合物。

妊神星那鸡蛋形的样子是太阳系绝无仅有的，它的自转速度也是太阳系绝无仅有的，她为什么那么疯狂地自转？科学家猜测，这可能是早期碰撞的结果。在很久很久以前，她曾经与一颗柯伊伯天体发生了碰撞，碰撞产生了一些碎片，碎片形成了她的两颗卫星，与此同时，碰撞也让她的自转加快了，造就了今天这个鸡蛋的外形。

22

宇宙谋杀案的蛛丝马迹

在浩渺的宇宙中，星体之间并不是相安无事地存在着，它们之间也会产生矛盾，也会产生利益关系，因而相互的攻击和谋杀也就在所难免。在英仙座，一颗恒星就犯下了这样的罪行，这颗恒星名字叫做 BD+48 740，被谋杀的是它的行星，行星过去曾经围绕着它运行，但是，现在这颗行星不见了。

科学家通过光谱分析发现，在恒星 BD+48 740 身上，存在着过多的锂元素。这些过多的锂元素就是谋杀的证据，就像是留在嘴角的血迹，揭示了它当初吞噬行星的罪恶。

过多的锂元素就是谋杀的证据

锂元素是一种银白色的金属，它是最轻的金属，比煤油还轻，它也是最高效的火箭燃料。它可以与很多物质发生反应，所以，保存它的最好的方式就是包在石蜡中，与一切外来物质隔绝。

锂元素是一种非常古老的稀有元素，可以追溯到宇宙大爆炸时期，那时候锂元素是很多的，随着时间的延续，锂元素和其他所有的元素都参与了星体的形成，当然，它们参与了恒星的形成，也参与了行星的形成，在恒星和行星中都包含有锂元素。但是，这仅仅是开始，随着恒星变热，发出灿烂的光芒，锂元素也就不存在了，它变成了更重的元素，所以，在当今所有的恒星上，都不该有锂元素的存在，即使有也是很少的。但是，BD+48 740 却是个特例，在恒星 BD+48 740 身上，存在着过多的锂元素。

科学家是使用恒星光谱仪发现这一点的，来源于遥远恒星的光芒，带来了很多的信息，使用光谱仪，就可以把光线分解开来，判断出恒星上有什么化学元素，分析表明，在 BD+48 740 身上，锂元素量过多。

这些锂元素从何而来，它们只能从行星身上而来，这让科学家感到毛骨悚然，莫非 BD+48 740 吞噬了一颗行星？如果是这样，这颗行星只能是它自己的行星。这样认为，并非没有可能，还有着其他坚实的证据。

一般来说，一颗恒星的年龄是100亿岁，当氢元素都燃烧完毕，它就没有什么东西可以燃烧了，这个时候，他就进入了老龄化，他的生命将会进入到下一个阶段。这时候，他会以一种叫做超新星爆发的方式来结束自己的生命，它在猛烈地爆发，外层物质迅速扩张，体积一下扩大几千万倍，变成一颗红巨星。

BD+48 740 就是这样一颗红巨星，他在爆发的时候，体积迅速扩大，他的质量大概是太阳的1.5倍，论个头，它跟太阳应该不相上下。但是，这颗恒星庞大无比，它的半径是太阳半径的11倍。他在当初爆发的时候，把周围的一切吞噬掉，都包含在自己的肚子里。当然，也会把自己的行星包含在自己的肚子里，于是，行星上的锂元素也就跟它融为一体了，使它成为一颗奇怪的富含锂元素的恒星。

BD+48 740 上过量的氢元素就是这样来的，他就是 BD+48 740 吞噬自己的行星之后，留下的蛛丝马迹，就像是他留在嘴上的血迹，揭示了当初他那残忍的暴行。在这颗恒星的周围，还发现了一些较大的块状物质，这些块状物质就是还没有来得及消化的行星残骸。

谋杀还有另一个证明人

不要以为证据仅仅就这么一点，还有其他证据证明这种推测是正确的，因为这个惨剧发生的时候，还有一位目击证人，原来这颗恒星有两颗行星，这个目击证人是 BD+48 740 的另一颗行星。

另一颗行星距离 BD+48 740 比较远，他的质量很大，相当于木星质量的 1.6 倍，每隔 771 天围绕着红巨星运转一圈。在恒星爆发的时候，他没有被吞噬，幸运地躲过一劫，但是他还是没有能够完全躲过那场浩劫。

这颗行星有着很特别的地方，那就是它的轨道是椭圆的，一个非常扁圆的椭圆，所以它的轨道偏心率极高。高过了我们已经知道的太阳系内所有的行星，在现在已经知道的所有太阳系以外的行星中，它的偏心率也是最高的，这很不同寻常。

一颗行星携带着两颗行星的系统是稳定的，但是，当一颗靠近恒星的行星被吞噬的时候，稳定就受到了影响，被吞噬的行星会把能量传递给靠外侧的行星，使第二颗行星的轨道变得怪异。第二颗高椭圆轨道的行星，就是那场惨案的受害者，他就是当年惨案的见证人。

谋杀案预示着地球的命运

红巨星 BD+48 740 富含锂元素，是它吞噬自己行星的罪证，它的另一颗行星具有高椭圆轨道也是证据，人们由此可以推知当年那个超新星爆发的情况。它爆发的那个时刻发生在什么时候，我们无

法具体推测，但是这个结局总是让我们忧心忡忡，因为这预示着地球的未来。

每一颗恒星都像动物那样，会变老死亡，恒星的死亡是辉煌壮丽的，壮烈的超新星爆发就是它们向宇宙宣告自己死亡的仪式，它们的体积也会因此变得庞大无比，从而吞噬周围的一切。

今天，我们的太阳还是很正常的，给我们提供合适的光热，终有一天，太阳也会老死，它的末日也是超新星爆发，那么我们的地球，也跟 BD+48 740比较靠近的行星一样，被太阳吞噬，成为它的腹中之物，那一天，也是我们地球人类的末日。太阳是地球生命的源泉，太阳也会是地球生命的杀手。

贫金属恒星——恒星
家族中的穷人

恒星家族穷人的特征

　　按照古人的说法，金也就是金属，也就是财富，说一个人有多少金就是说有多少钱，这种说法也适合在天文学上使用。在恒星家族中，有的恒星钱财比较多，由于在宇宙最初的形成中，它们得到了较多的物质，具有较大的质量，这也导致它们迅速长大，迅速老化。构成它们最重要的就是氢元素，氢元素燃烧完了之后，它们就该燃烧产生出来的产品氦元素，氦元素燃烧之后还会得到更重的元素，也只有重元素才被称为金属元素。这些重元素也并不是严格的金属，它们只是碳、氧、氮、铁，但是在天文学中，就可以称之为金属元素，这些元素比较丰富的恒星也就被称为富金属恒星。

　　富金属恒星之所以富有，还有另一个来源，那就是继承了别人的财富，大质量恒星在演化的时候，会发生超新星爆发，就把自己生产出来的金属元素抛到了太空，那些新恒星在形成的时候吸收了爆发的残骸，于是不费吹灰之力，也得到了重元素，也成为富金属恒星家族中的成员。

这两种方式让一些恒星拥有较多的重元素，它们都是恒星家族中的富人。

但是，还有一些恒星是穷人，它们在宇宙最初刚刚诞生的时候形成，自然没有重元素，那时候宇宙只有简简单

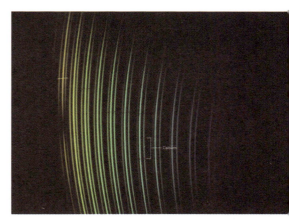

贫金属恒星 SDSS J102915+172927 的光谱

单的氢、氦和极少量的锂元素，这些元素既是最简单的元素，也是最轻的元素。更重要的是，这些恒星没有较大的质量，于是，它们演化得就很慢，不像大质量恒星那样肆无忌惮地燃烧，所以它们至今也没有进化出来重元素。它们被称为贫金属恒星，它们是恒星家族中的穷人。

穷人住在贫民窟中

富人们喜欢炫富，它们聚集在一起，生活在豪华的地方，但是，穷人就不能这样，它们只能居住在生活条件简朴的贫民窟里。恒星家族中的富人和穷人也有这种区别，质量大的恒星喜欢相互攀比，它们生活在大质量的星系中。

在那里，它们或者自然演化出重元素，或者等着吸收超新星爆

发之后形成的重元素，最后大家都成为富金属恒星，它们在大星系中发出耀眼的光芒。大星系就是恒星家族富人的聚集地。

而那些恒星家族中的穷人则居住在毫不显眼的地方，居住在较小的范围内，它们聚集的数量很少，它们部落的标准数量是几十亿颗恒星，最小的只有几千颗恒星。不像银河系那样有三千多亿颗恒星成员，数量少也导致它们总体的亮度不够，再加上它们本身也不亮，整个星系就更不显眼了。这样的小星系被称为矮星系，它们的名字足以说明它们不是那么高调，是一群甘愿过着贫困生活的穷人。

矮星系是不被关注的星系，它们太暗淡了，从来就引不起天文学家的注意，即使是天文学家可以寻找它们，望远镜的能力也不允许。

这不仅跟它们太暗淡有关，还跟它们所居住的环境有关。作为小质量的星系，它们一般在远离大星系的地方，迫于大星系的引力，它们只能充当大星系的卫星系，环绕着大星系运行，就像行星围绕着恒星运行那样。在大星系的边缘，就是矮星系的栖息之地，那里就是贫民窟。

恒星流

穷人也会混入富人阶层

贫民窟里面的贫金属恒星并不愿意就这样一辈子穷下去，它们之中的某些也有办法混入富人的行列。

星系一般就像是一个大盘子，具体地说，是两个扣在一起的盘子，它们是由很多的恒星构成的。但是，在盘子的上方并不是一无所有，那里也有很多恒星，它们跟扣在一起的盘子一起构成了一个圆球，被称为星系晕，星系晕里面并不是没有恒星，只是这里的恒星比较少，或者说比较暗淡，这里也是穷人的住所，恒星家族的穷人就住在星系晕里面，具体地说，是居住在星系晕的外围。

当代的大型望远镜，都带有光谱仪，光谱仪上可以显示恒星光谱的暗线和明线，那些暗线就是吸收线，从吸收线就可以判断出恒星上具有什么样的化学元素。事实证明，星系晕外围的恒星很多是缺乏金属元素的，它们是恒星家族中的穷人。科学家认为：星系晕里面的穷人不可能是最初的原始居民，它们一定是外来户，这一点逐渐得到了证实，证实它们来自那些矮星系。

在人马座方向，科学家发现有很多恒星，从人马座矮椭圆星系奔涌而出，构成恒星流，宛如一串巨大的恒星项链，环绕在银河系周围。它的跨度超过100万光年，包含了大约1亿颗恒星。这表明，这些排队奔向银河系的星流原来属于人马座矮椭圆星系。人马座矮椭圆星系是个小星系，成员较少，它们根本抗不住巨大的银河系的引力，银河系巨大的引力扯碎了它们，让它们奔向银河系。

目前，科学家已经发现了十四条这样的恒星流，它们都是从银

银河系和银河系的晕就是这个样子

河系附近的矮星系被吸引来的，这表明，与银河系这个富人俱乐部为伍，并不是一件快乐的事情，稍有不慎就会被吸收过去，尽管它们已经挣扎了十几亿年，但是最终还是摆脱不了混入富人行列的事实。

在计算机模拟过程中显示，在银河系的附近，还应该有很多的矮星系，但是，实际能观测到的却很少，很多至今无法找到它们。看到这样的星流，科学家只能感叹，也许它们早就被银河系吸收了，成为富人阶层。

由此可见，穷人不是自愿加入银河系这个富人俱乐部的，它们是被迫的，这更显示出穷人的辛酸。真不知，该为它们庆幸呢，还是该为它们惋惜！

24

**黑洞边缘的婚礼
悄悄举行**

天文学家等着看宇宙烟火表演

在科幻小说中，一个宇航员坠入黑洞，那么他将会被拉长，那是很悲惨的过程，无限拉长之后万劫不复地坠入黑洞，如果一块气体云坠入黑洞，它也会复制这样的过程。2012年的时候，天文学家发现了一个目标，正在银河系中心的黑洞边缘徘徊，他们以为，这一回可以看到这样的过程了。

在每一个星系的中心，都可能会存在着一个黑洞，一个巨大的黑洞，它是这个星系的大家长，主管着所有的恒星、所有的星团，让它们全都各自安分地按照自己的意志运动。在我们的银河系中心，也存在着这样的一个庞然大物，这样一个巨大的黑洞。从地球上望过去，它处在人马座方向，那里就是银河系的中心，所以它也就有了人马座 A★ 这么一个奇怪的名字。这颗黑洞的质量达到了太阳质量的400万倍，它发出强大的引力，任何经过它身边的天体都不能跑掉，都会被它吞噬，万劫不复地进入到它的肚子

里。黑洞的身边常常发生吞噬事件，但是我们没有机会观测到整个过程。

2012年，科学家发现了一个目标，一个即将被人马座 A★ 吞噬的目标，正在黑洞的外围徘徊。这个目标叫做 G2，G2 是什么，科学家还说不清楚，它可能是气体云，在环绕这黑洞运行，此前，天文学家已经观测到这团气体云正在加速被撕裂，科学家预计，在 2013 年或者之后的日子里，它将被黑洞吞噬。那个时刻不是一个宇航员坠入黑洞那么简单，绝对不会无声无息，而是会爆发出强烈的 X 射线或者伽马射线，这是巨大的爆发，这种爆发的信号闪光会在宇宙中久久地回荡，经久不散。于是，天文学家等待着一次宇宙的烟火，准备观看 G2 被黑洞吞噬的那个时刻。

合并悄悄开始

时间一天天过去，在这一年多的时间内，很多大型望远镜都对它展开了研究，希望能看到那个被吞噬的过程，但是，天文学家们失望了，预告失败，人马座 A★ 黑洞吞噬 G2 气体云的好戏始终没能上演，那个 G2 气体云还在那里，似乎没有受到什么伤害。

于是，天文学家不得不开始了反思，查找这场预告失败的原因。一个天文研究小组提出了一种新的解释，他们认为，这个所谓的 G2 气体云并不是气体云，而是恒星，只不过在它接近黑洞的时候，被拉长了而已，让我们看起来像是气体云，而且，G2 最初是两颗恒星。

很多方面的观测能够证实这样的解释是对的，在银河系的中心地带，有很多的恒星，它们不是小的恒星，都是质量巨大的，小恒星要想在这里生存是很困难的，会被黑洞吞噬。而且，这里的恒星还有另一个特点，双星很多，这也导致合并的事件常常发生。

G2原来是两颗恒星，这两颗恒星在靠近黑洞的时候，悄悄地结合在一起，并不是它们自愿的，是黑洞的强大引力导致的结果。就像一对苦命的伴侣，在接近黑洞的时候，危险让它们更加相爱，它们举行了婚礼，融合成一颗更加巨大的恒星，这样才可以抵御黑洞的引力，避免被吞噬的命运。

G2这个目标距离我们太远了，以至于任何望远镜都无法区分出来它究竟是气体云还是恒星，只能在大型望远镜中看到它长长的身影，被拉伸的气体云距离黑洞大约为250亿千米，这个距离放在太阳系内，那么会在海王星轨道附近，这就是它接近黑洞即将被吞噬的外在表现。

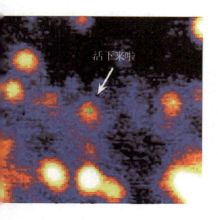

它们融合成的新型恒星是一颗不同寻常的恒星，研究人员认为，这颗恒星的质量是太阳的2倍，虽然质量不大，但是体积却巨大，大概是太阳体积的100倍，这告诉我们，它的密度很小，跟气体差不多。这颗恒星还处在膨胀阶段，这个过程大概需要100万年，然后才能恢复到正常状态，变成一颗真正的恒星。

　　这对恒星是一对苦命的恒星，不知道它们从哪里来，也不知道它们要到哪里去，在经过黑洞附近的时候，黑洞没能吞噬它们，却让它们相互靠近，最后组合成一颗恒星，这就相当于它们的婚礼，在被黑洞吞噬之前悄悄地举行。目前，它们还没有摆脱被黑洞吞噬的厄运，至于以后怎么样，那只能听天由命了，那长长的外形告诉我们它的无奈。

喷射铁的黑洞

黑洞的大圆盘

黑洞隐居在星系的中心，是宇宙中一种很奇怪的天体，它们拥有极高的质量，密度大得无法想象，也正是因为密度大，没有任何物质能从黑洞逃出来，既然光都无法逃出来，当然我们也就看不到它。不能看到它并不能说它不存在，科学家还是有一系列的办法，证明它的存在。

一般来说，黑洞都会对周围的物质产生巨大的作用，如果一颗恒星被吞吃掉，并不是简单地一口吞进去，恒星上飞出来的物质，并不会直接流向黑洞，它们会围绕着黑洞运行，会在黑洞的身边形成一个吸积盘，吸积盘就像是一个大圆盘，这个大圆盘一圈又一圈，呈现一个螺旋线的形状，环绕着黑洞的周围缓慢地旋转。

终于，螺旋线最靠近黑洞的地方，也就是最先被吸收出来的物质，开始向黑洞坠落，进入黑洞的身体，成为它的一部分。那些螺旋线就是一个吸管，通过这个吸管，恒星的身体一点点地流向黑洞。这是一个残酷的大圆盘，通过这个大圆盘，黑洞会把周围的一切都吸到肚子里。

喷射铁的黑洞

过去，人们一直认为，黑洞就是个贪得无厌的家伙，永无休止地把周围的一切都吞噬。因此给它命名叫做黑洞，也就是啥也看不到的无底洞。现在科学家逐渐认识到，并非这样，黑洞在吸收物质的同时，还会释放出来一部分物质。那些流进黑洞的物质并不是全部被吞噬，会有一部分被释放出来，它们通常是以喷流的方式来释放物质。

那些流进黑洞的物质在进入黑洞之后，会在黑洞的两极喷射出来。具体地说，这已经不是物质，而是能量，这些喷流具有极高的能量，通常喷射出来的是剧烈的 X 射线，射电望远镜能够接收的这些信号，也就间接证明了黑洞的存在，这些喷流就是黑洞吞噬周围物质后吐出来的食物残渣。

欧洲航天局的 XMM-牛顿太空望远镜发现了一颗 名 为4U1630－47的 黑

黑洞会把所有的物质吸收

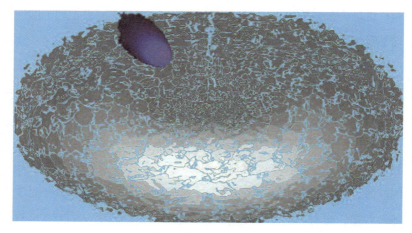

行星坠入黑洞艺术图

洞，这是一个较小的黑洞，质量只有几个太阳的质量，在个个质量庞大的黑洞家族里，它实在是微不足道。就是这个黑洞，在向外界喷射铁离子。

在4U1630-47的喷流中，包含着电子等物质，其中的光谱显示，还包含着铁，当然这是一些铁的微小颗粒。不知道这些铁来自何处，大概是当初吞噬恒星中的成分，这至少告诉我们，黑洞并没有那么神秘，它并不是我们完全不理解的神秘物质，至少它包含的是我们知道的物质。除了铁之外，还发现了镍，这也是我们知道的元素。

牛顿望远镜证明了这一点，澳大利亚的望远镜致密阵列望远镜也发现了这些来自黑洞喷流的金属。喷流的速度高得很，大约为光速的三分之二。这些物质喷出的方向对着地球，但是距离太远，当然里面包含着的铁和镍不会来到地球。既然是喷流，就是双向的，另一股喷流就背向地球，也包含着铁和镍这两种物质。

黑洞4U1630-47喷出的铁和镍告诉我们，黑洞也并不是什么都吃，它还挺挑剔，它拒绝吃这两种元素。

恒星的生死循环机器

黑洞生活在星系的中心，在它的周围，是大量的恒星，它就像是一个主人那样，控制着恒星，让这些恒星围绕着星系的中心运转。黑洞也并不是一直在喷发，绝大多数时间，它们很安静，那是它们休息的时候，当然，休息的时候它也就不吃东西。当它们吃了东西才会发生喷流。

黑洞的喷流指向何处，对天文学家来说，是一个感兴趣的问题，因为他们知道，黑洞的喷流对恒星的诞生具有重要意义。

黑洞的喷流会吹走正在形成恒星的物质，让正在形成的物质团块土崩瓦解，阻碍恒星的形成。有时候，它的喷流也会带来物质，让一些恒星迅速生成，达到能够发光的热量，于是就点燃了恒星，让恒星早一点诞生。那些喷流就像是种庄稼的喷嘴那样，喷出水浇灌着恒星，控制着恒星的诞生规模，或者让它们大规模诞生，或者让它们出生的数量少一点。它的喷流可以蔓延几千光年，控制着恒星的出生时间，那些铁和镍也会成为恒星形成的养料，变成恒星身体的一部分。

当这些恒星长大之后，又可以成为它的食物。原来，黑洞并不光吃恒星，它在吞吃恒星的时候，也种养恒星，它们是宇宙农夫。

26

小星系里面
居住着大黑洞

恒星最密集的星系

　　一般来说，星系都是具有很多恒星的大集团，但是有一种星系非常小，它们被称为矮星系，矮就是低人一等的意思，这个名字本身就说明了它们不同于我们传统意义上的星系概念，一个被称为M60-UCD1的矮星系就是这样一个样本。

　　这是一个很小的袖珍星系，大小直径只有约300光年，跟那些直径达到几千光年几万光年的星系实在没法比，更比不上我们银河系十万光年的直径。但是这个小星系却不容小看，它大概包含着1亿4千万颗恒星，这么小的空间内包含着这么多的恒星，说明这里的恒星密度极高。如果在这个星系内的某一颗行星上，你往任何一个方向望过去，都会看到满天繁星，密密麻麻。太阳也可能不止一颗，太阳是恒星，星星也是恒星，所以在这里，你看到的恒星跟太阳可能没什么区别，都是非常大，非常明亮。即使是白天，也能看到恒星。夜空中仅靠裸眼就能看到至少100万颗星星，而在地球上，裸眼只能看到4000颗星星，依据现在对宇宙的了解，这里已经是观测到的恒星最密集的星系。

寄居着超大黑洞

　　M60-UCD1矮星系是一个值得好好观察的星系，天文学家对那里的恒星运行速度产生了兴趣，他们发现，在这个星系的中心，恒星的运行速度非常快，快得让人难以相信。这表明，中心有一个黑洞，是黑洞的引力导致了恒星的高速运行。星系的中心有黑洞，

heic1419e

这很正常，在每一个星系的中心，都可能会存在着一颗巨大的黑洞，它是这个星系的大家长，主管着所有的恒星、所有的星团，让它们全都各自安分地按照自己的意志运动。

这颗黑洞的质量太大了，其质量相当于2100万个太阳，而银河系中心的黑洞却只有区区400万个太阳质量，但是，银河系可是个庞然大物，银河系比 M60-UCD1矮星系大几百倍。

300光年直径的星系里面黑洞有2100万个太阳质量，而直径十万光年的银河系里面的黑洞有400万个太阳质量，这种巨大的反差让科学家十分惊讶，他们计算后发现，在矮星系 M60-UCD1中，黑洞质量占到了星系质量的15%。

任何事情总应该合情合理，就如同一个小孩的脚不能大得需要穿大人的鞋子，一只鸡不能生出来鹅蛋那么大的鸡蛋，但是，M60-UCD1矮星系就这么奇怪，虽然自己的直径很小，里面却居住着一个质量超大的大黑洞。

指点出仙女星系和银河系的未来

M60-UCD1矮星系里面居住着一个质量超大的大黑洞，这也是迄今知道的最不可思议的比例。这个现象引起了天文学家极大的兴趣，他们需要解释这是怎么造成的。

M60-UCD1距离我们地球5400万光年，它是一个超小型的星系，在它所处的这块区域内，星系的密度很高，有一个巨大的M60星系就在它的身边，这是一个致密的星系，正是因为致密，它呈现出椭球状。同时，它还是室女座星系团的重要成员，这一天区，密度极高。

M60星系究竟有多少恒星，谁也说不清，即使是大型望远镜，也只能看到一大团亮光，那是无数恒星一起发出来的光芒，总之，它要比矮星系M60-UCD1大得多，是这一区域的领导者，它的引力强大无比，正是因为它有强大的引力，才会吸收其他的物质。

在很久以前，矮星系M60-UCD1的规模要比现在大得多，在它靠近M60的时候，悲剧出现了，M60剥夺了矮星系的部分恒星，成为自己的一部分，而矮星系M60-UCD1因为中间有这颗巨大的黑洞，紧紧地吸引住一些恒星，才不至于被M60完全吞噬掉。最终的结果就是，本来矮星系 M60-UCD1 很大，经过这场浩劫，就只剩下一颗大黑洞带领着周围的一些恒星，成为一个更加致密的星系，而且是超小型的星系。于是，矮星系 M60-UCD1 也因此成为 M60 的附庸，环绕在 M60 的身边，它的名字就说明它已经成为 M60 的附属。

　　大星系 M60 会吞噬周围小星系的恒星，这也预示着银河系的命运，在我们的银河系身边，存在着比它更大的仙女座大星系，二者正在靠近，终究有一天，银河系外围的一些恒星也会被仙女座大星系吞噬，银河系也就因此变小。那个时刻远得很，不需要我们担心。

图书在版编目（CIP）数据

星空探奇 / 戴铭珏编著 . —北京：清华大学出版社，2015(2019.6重印)
（理解科学丛书）
ISBN 978-7-302-40738-6

I. ①星… II. ①戴… III. ①宇宙 – 青少年读物 IV. ① P159-49

中国版本图书馆 CIP 数据核字（2015）第 162032 号

责任编辑：朱红莲
封面设计：蔡小波
责任校对：刘玉霞
责任印制：丛怀宇

出版发行：清华大学出版社
    网 **址**：http://www.tup.com.cn，http://www.wqbook.com
    地 **址**：北京清华大学学研大厦 A 座 **邮** **编**：100084
    社 总 机：010-62770175   **邮** **购**：010-62786544
    投稿与读者服务：010-62776969，c-service@tup.tsinghua.edu.cn
    质量反馈：010-62772015，zhiliang@tup.tsinghua.edu.cn
印 装 者：河北锐文印刷有限公司
经 **销**：全国新华书店
开 **本**：145mm×210mm **印** **张**：5.5 **字** **数**：110千字
版 **次**：2015年8月第1版 **印** **次**：2019年6月第2次印刷
定 **价**：39.00元

产品编号：065001-02